河北省"十四五"职业教育规划教材
职业教育建筑类专业"新形态一体化"系列教材

建筑材料与检测

（第 2 版）

主　编　尚　敏
副主编　崔葛芹　郝　哲
参　编　刘晓立　李勇利　陈鸿瑾　高欣欣
　　　　刘　然　郭红然　王　磊
主　审　孙翠兰　赵天雨

机械工业出版社

本书按照目前的行业发展要求，根据现行的职业技能标准、课程教学标准以及人才培养方案进行编写。本书共分为11个项目：建筑材料的基本性质、气硬性胶凝材料、水硬性胶凝材料、普通混凝土、砂浆、墙体材料、建筑钢材、防水材料、保温绝热材料、建筑塑料和建筑装饰材料。

本书难度适宜，匹配了大量的丰富翔实的图片，配套了工作任务单供学生和老师使用。

本书既可以供职业教育建筑工程施工专业、工程造价专业使用，也可作为建筑行业从业人员的参考用书。

本书配套教学课件，凡选用本书作为授课教材的老师均可登录机械工业出版社教育服务网www.cmpedu.com，以教师身份免费注册下载。咨询电话：010-88379934，机工社职教建筑qq群：221010660。

图书在版编目（CIP）数据

建筑材料与检测/尚敏主编. —2版. —北京：机械工业出版社，2023.8
（2025.1重印）
职业教育建筑类专业"新形态一体化"系列教材
ISBN 978-7-111-73276-1

Ⅰ.①建… Ⅱ.①尚… Ⅲ.①建筑材料-检测-职业教育-教材 Ⅳ.①TU502

中国国家版本馆CIP数据核字（2023）第097398号

机械工业出版社（北京市百万庄大街22号　邮政编码100037）
策划编辑：沈百琦　　　　　责任编辑：沈百琦　陈将浪
责任校对：韩佳欣　李　婷　　封面设计：马精明
责任印制：单爱军
北京虎彩文化传播有限公司印刷
2025年1月第2版第3次印刷
184mm×260mm・17.5印张・446千字
标准书号：ISBN 978-7-111-73276-1
定价：59.00元

电话服务　　　　　　　　　网络服务
客服电话：010-88361066　　机　工　官　网：www.cmpbook.com
　　　　　010-88379833　　机　工　官　博：weibo.com/cmp1952
　　　　　010-68326294　　金　书　网：www.golden-book.com
封底无防伪标均为盗版　　机工教育服务网：www.cmpedu.com

前 言

本书第 1 版自 2018 年 10 月出版以来，深受广大读者的喜爱。本次修订，为加快推进党的二十大精神进教材、进课堂、进头脑，对全书的结构、内容、资源配套等方面做了全面优化升级，使之更适合于当前形势下职业院校的教学实际，体现"**培育创新文化，弘扬科学家精神，涵养优良学风，营造创新氛围**"以及"**以学生为中心，工学结合、德技并修**"的教学理念。

本书特色如下：

1. 本书秉持制度化、规范化、程序化全面推进的思想，强调建筑工程的一切活动必须以现行规范和标准为引领，实现制度化、规范化、程序化操作，杜绝一切违章、违法、违规——本书根据现行的标准和规范进行优化，包括《通用硅酸盐水泥》（GB 175—2007）、《建设用砂》（GB/T 14684—2022）、《建设用卵石、碎石》（GB/T 14685—2022）、《普通混凝土拌合物性能试验方法标准》（GB/T 50080—2016）、《混凝土强度检验评定标准》（GB/T 50107—2010）、《普通混凝土长期性能和耐久性能试验方法标准》（GB/T 50082—2009）、《普通混凝土配合比设计规程》（JGJ 55—2011）、《混凝土质量控制标准》（GB 50164—2011）、《钢筋混凝土用钢 第 1 部分：热轧光圆钢筋》（GB/T 1499.1—2017）、《钢筋混凝土用钢 第 2 部分：热轧带肋钢筋》（GB/T 1499.2—2018）、《建筑防水卷材试验方法》（GB/T 328—2007 系列）、《混凝土结构工程施工质量验收规范》（GB 50204—2015）、《混凝土结构设计规范》（GB 50010—2010）等。

2. 实践没有止境，理论创新也没有止境，本书一改建筑材料教材文字多、图片少的刻板印象，内容更加丰富直观——本书知识浅显易懂，理论阐述简洁够用；图片、表格丰富翔实，彩色印刷，直观形象，可提高学生的学习兴趣，降低教学难度，适用性更广。

3. 本书本着努力培养和造就更多大师、科学家、一流领军人才和青年科技人才、卓越工程师、大国工匠、高技能人才的本心，在内容上更加突出工程技能——强化了主要材料检测的内容，突出操作技能要求，让同学们提前知晓路在何方。

4. 本书坚持问题导向，因为问题是时代的声音，回答并指导解决问题是理论的根本任务，基于此，本书进行了体例创新——采用项目式教学、活页式创新体例，体现产教融合、校企合作。本书为校企"双元"合作编写教材，从一线工作岗位出发，提炼实际工作技能，按实际工作程序并结合建筑材料的使用，将全书拆分成 11 个项目，形成 11 个教学项目，每个项目按照"典型工作任务—任务目标—任务学习"的思路展开，可使学习者更好地掌握各项目的重点内容。各个项目在开头的"典型工作任务"中引用施工图纸对材料的要求和实际施工中对材料检测的要求，体现工学结合的特点，实用性很强。

5. 本书遵循推进教育数字化，建设全民终身学习的学习型社会、学习型大国的理念，立

体开发——本书进行立体化教材建设，符合"互联网+职业教育"发展需求；本书配套完整的微课视频、电子课件和教案等数字化资源；此外，本书作者还在智慧职教MOOC学院建设了国家精品在线开放课程"建筑材料与检测"，网址为 https://mooc.icve.com.cn/cms/courseDetails/index.htm?classId=2051f3ed65ef06192dfa3176cf6b03f2，读者可按开放时间自主登录学习。

6. 本书坚持以人民为中心发展教育，加快建设高质量教育体系，发展素质教育——本书以"课外篇"的形式谈民生（课外篇：民生大事）、谋强国（课外篇：强国之路）、立自信（课外篇：民族自信）、讲精神（课外篇：品质精神）、树榜样（课外篇：职业先锋）、定目标（课外篇：大国工匠）、论环保（课外篇：绿色环保）……或是介绍我国建筑材料发展现状，或是引入名人故事，从多方面、多角度帮助学生打好本专业知识基础，实现德技兼备，或是培养学生细致严谨的工作作风、开放创新的思维模式，或是强调对学生职业道德、职业素养、职业行为习惯的培养。

  本书由一级注册建造师、河北城乡建设学校正高级讲师尚敏任主编；注册监理工程师崔葛芹和一级注册建造师郝哲任副主编；参加编写的人员还有刘晓立、李勇利、陈鸿瑾、高欣欣、刘然、郭红然、王磊。具体编写分工如下：王磊负责绪论的编写，崔葛芹负责项目1、项目2的编写，高欣欣负责项目3的编写，尚敏负责项目4、项目7、项目10的编写，陈鸿瑾负责项目5的编写，郝哲负责项目6、项目11的编写，刘晓立负责项目8、项目9的编写，刘然和郭红然参与了项目4、项目5的编写。一级造价工程师、全国注册监理工程师、一级建造师、全国注册咨询工程师、河北省建筑评标专家库评委李勇利老师联合中绎建设科技集团有限公司任博文提供材料检测报告单。全书由具有丰富教学和工程经验的一级注册结构师、一级注册建造师、河北省评标专家、正高级讲师孙翠兰和一级注册结构师赵天雨老师任顾问和主审。河北顺安远大环保科技股份有限公司的舒兆涛认真审阅了全书，并提出了很多宝贵意见，编者对其表示诚挚的谢意。

  由于编者水平有限，书中难免有不足之处，敬请广大读者批评指正。

编　者

本书微课视频清单

序号	名称	图形	序号	名称	图形
1	建筑材料的分类与标准		7	与水有关：吸湿性	
2	三大密度		8	耐水性、抗渗性	
3	三大密度对比表		9	抗冻性	
4	与质量有关：密实度和孔隙率		10	与热有关的性质	
5	填充率与空隙率		11	力学性质	
6	亲水性、憎水性、吸水性		12	耐久性	

V

（续）

序号	名称	图形	序号	名称	图形
13	气硬性胶凝材料		21	水泥的验收、保管	
14	石灰		22	水泥标准稠度用水量实验：代用法	
15	石膏		23	混凝土组成材料：水泥、砂	
16	水玻璃		24	混凝土组成材料：石子	
17	五大通用水泥对比		25	混凝土组成材料：水、外加剂	
18	通用硅酸盐水泥1		26	混凝土和易性	
19	通用硅酸盐水泥2		27	混凝土性质：强度	
20	其他水泥		28	混凝土抗压强度试验1	

（续）

序号	名称	图形	序号	名称	图形
29	混凝土抗压强度试验2		37	砌块	
30	混凝土耐久性		38	混凝土实心砖试验	
31	混凝土配合比		39	钢材的种类	
32	其他混凝土		40	钢筋拉伸试验	
33	混凝土试块试验		41	钢筋冷弯性能试验	
34	砂浆概述、砌筑砂浆组成材料		42	钢材的分类、性质	
35	砌筑砂浆的性质和配合比		43	常用钢材	
36	砌墙砖		44	钢材供应形式	

（续）

序号	名称	图形	序号	名称	图形
45	型钢参观1		52	弹性体改性沥青防水卷材不透水试验	
46	型钢参观2		53	弹性体改性沥青防水卷材耐热性	
47	钢筋、钢丝、钢绞线		54	弹性体改性沥青防水卷材低温柔性试验	
48	防水材料：沥青		55	保温材料	
49	沥青性质		56	建筑塑料	
50	防水卷材		57	装饰材料	
51	弹性体改性沥青防水卷材拉伸试验				

目 录

前言
本书微课视频清单
绪论 ··· 1

项目1　建筑材料的基本性质 ··· 7
任务1　学习材料的物理性质 ·· 8
任务2　学习材料的力学性质 ·· 18
任务3　学习材料的耐久性 ··· 19

项目2　气硬性胶凝材料 ··· 22
任务1　认识石灰 ·· 24
任务2　认识石膏 ·· 30
任务3　认识水玻璃 ··· 33

项目3　水硬性胶凝材料 ··· 36
任务1　学习通用硅酸盐水泥 ·· 37
任务2　了解其他水泥 ·· 45
任务3　学习水泥的验收、检验与储存 ··· 46
任务4　进行水泥的检测 ··· 48

项目4　普通混凝土 ··· 53
任务1　学习普通混凝土的组成材料 ·· 59
任务2　学习混凝土的主要技术性质 ·· 69
任务3　学习混凝土配合比的设计方法 ·· 81
任务4　认识其他类型的混凝土 ··· 85
任务5　进行混凝土的检测 ··· 90

项目5　砂浆 ··· 95
任务1　学习砌筑砂浆 ·· 98
任务2　学习抹灰砂浆 ·· 103
任务3　了解特种砂浆 ·· 106
任务4　进行砂浆的检测 ··· 110

IX

项目 6　墙体材料 ········· 114
任务 1　认识砌墙砖 ········· 115
任务 2　认识砌块 ········· 119
任务 3　认识墙板 ········· 122
任务 4　进行砖、砌块的检测 ········· 123

项目 7　建筑钢材 ········· 130
任务 1　学习钢材的分类 ········· 131
任务 2　学习钢材的主要性能 ········· 135
任务 3　认识常用钢材的品种、牌号及加工 ········· 139
任务 4　认识型钢、钢板的品种与牌号 ········· 141
任务 5　认识钢筋、钢丝和钢绞线 ········· 143
任务 6　进行钢材的检测 ········· 148

项目 8　防水材料 ········· 154
任务 1　学习沥青的主要技术性能及应用 ········· 155
任务 2　学习防水卷材的分类、特点及应用 ········· 159
任务 3　了解防水涂料与密封材料 ········· 162
任务 4　进行防水卷材的检测 ········· 164

项目 9　保温绝热材料 ········· 173
任务 1　了解保温绝热材料 ········· 174
任务 2　了解常用保温绝热材料的技术特点及应用 ········· 174

项目 10　建筑塑料 ········· 181
任务 1　了解建筑塑料的分类及应用 ········· 182
任务 2　了解常用建筑塑料的技术特点及应用 ········· 189

项目 11　建筑装饰材料 ········· 191
任务 1　了解天然石材的主要技术性能及应用 ········· 192
任务 2　了解建筑陶瓷的主要技术性能及应用 ········· 195
任务 3　了解玻璃及其制品的主要技术性能及应用 ········· 196
任务 4　了解金属装饰材料的主要技术性能及应用 ········· 199
任务 5　了解涂料的主要技术性能及应用 ········· 200

参考文献 ········· 203

绪 论

建筑材料是建筑工程的物质基础,材料费用一般占建筑工程总造价的50%~70%。建筑材料的性能、质量和价格直接关系到建筑产品的适用性、安全性、经济性、美观性和耐久性。经济合理地使用建筑材料,减少浪费和损失,可以降低工程造价,提高经济效益。

建筑材料是指构成建筑物或构筑物本身的材料,例如建造建筑物地基、基础、梁、板、柱、墙体、屋面、地面,以及装饰工程等所用的材料,如图 0-1 所示。

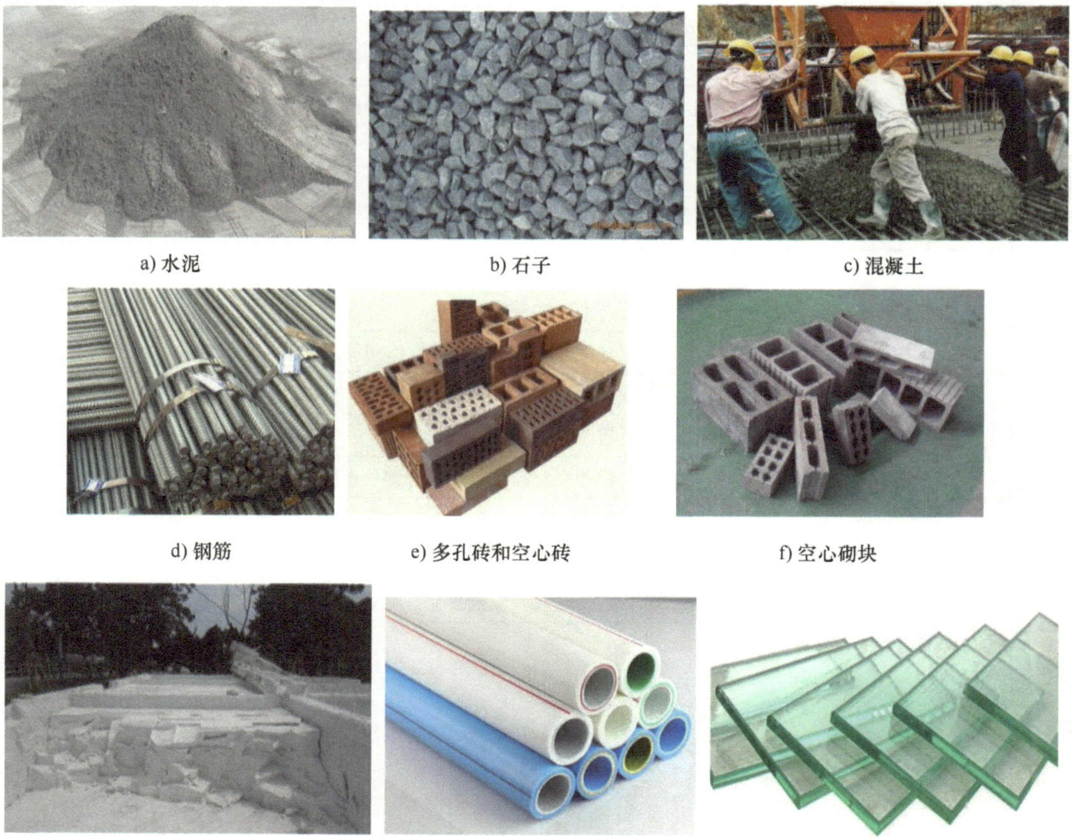

建筑材料的分类与标准

a) 水泥　　　　　　　b) 石子　　　　　　　c) 混凝土

d) 钢筋　　　　　　　e) 多孔砖和空心砖　　　f) 空心砌块

g) 石灰膏　　　　　　h) 铝塑复合管　　　　　i) 玻璃

图 0-1　各种建筑材料

j) 建筑陶瓷

k) 卫生陶瓷

l) 防水卷材

图 0-1 各种建筑材料（续）

1. 建筑材料的分类

建筑材料的分类见表 0-1。

表 0-1 建筑材料的分类

分类				实例
按成分和组织结构分类	无机材料	非金属材料	天然石材	毛石、料石、石板、装饰石材、碎石、卵石、砂
			烧土制品	黏土砖、黏土瓦、陶器、炻器、瓷器
			玻璃等熔融制品	玻璃、铸石、琉璃、玻璃棉、矿棉
			胶凝材料	石膏、石灰、菱苦土、水玻璃、各种水泥
			砂浆及混凝土	砌筑砂浆、抹面砂浆、特种砂浆、普通混凝土、轻集料混凝土
			硅酸盐制品	灰砂砖、硅酸盐砌块
		金属材料	黑色金属	生铁、碳素钢、合金钢
			有色金属	铜及铜合金、铝及铝合金
	有机材料		植物质材料	木材、竹材、植物纤维及制品
			沥青材料	石油沥青、改性沥青
			合成高分子材料	塑料、橡胶、胶黏剂、有机涂料
	复合材料		金属-非金属	钢筋混凝土、钢纤维混凝土、钢丝网水泥
			无机非金属-有机	聚合物混凝土、沥青混凝土、玻璃钢
			金属-有机	铝塑复合板、铝塑复合管、金属夹芯板、舒乐舍板
按功能分类	结构材料（梁、板、柱、基础、楼梯等）			钢材、砖、石材、混凝土、木材
	围护材料（外墙、外门窗）			砖、砌块、墙板、瓦、混凝土、塑钢门窗、断桥铝门窗
	功能材料			防水材料：防水卷材、911 聚氨酯防水材料、新型聚合物水泥基防水材料 装饰材料：壁纸、各类地板、涂料、地毯 保温隔热材料：甘蔗纤维、软木木棉、矿棉、膨胀蛭石、硅藻土石膏、泡沫混凝土、铝箔 吸声隔声材料：吸声棉、隔声毡、聚氨酯泡沫塑料 采光材料：PC 采光板、PVC 采光板、PP 采光板、中空夹胶玻璃

2. 建筑材料的发展

（1）发展历史

建筑材料伴随着人类社会生产力的发展而发展。

1）原始时代，使用天然材料：木材、岩石、竹、黏土。

2）石器、铁器时代，多用石材、石灰、石膏等。古代广大劳动人民利用这些材料建造了很多优秀建筑，例如金字塔采用石材、石灰、石膏建造，万里长城采用条石、大砖、石灰砂浆建造，布达拉宫采用石材、石灰砂浆建造，赵州桥采用石材建造，五台山寺院建筑群采用木材、石材等建造，如图 0-2 所示。

a）金字塔（埃及）

b）万里长城（中国）

c）布达拉宫（中国）

d）赵州桥（中国）

e）五台山寺院建筑群（中国）

图 0-2　著名古代建筑欣赏

3）封建时代，多采用砖瓦结构，如秦砖汉瓦。

4）19 世纪，多用钢筋混凝土、水泥。

5）20 世纪，多用预应力混凝土、高分子材料，高层和大跨建筑如雨后春笋般出现。

6）21 世纪，多用轻质、高强度、节能、高性能绿色建筑材料。

各种结构类型的现代建筑如图 0-3 所示。

a）上海中心大厦（中国）

b）迪拜哈利法塔（阿拉伯联合酋长国）

图 0-3　各种结构类型的现代建筑

c) 港珠澳大桥（中国）　　　　　　　d) 胶州湾大桥（中国）

e) 中央电视台总部大楼（中国）

图 0-3　各种结构类型的现代建筑（续）

（2）发展趋势

建筑材料正向着高性能、绿色环保方向发展，如图 0-4 所示。

a) 断桥铝门窗　　　　　　b) 防水混凝土　　　　　　c) 加芯砌块

d) 高强度钢丝格栅　　　　　e) 钢绞线　　　　　　　f) 复合墙板

图 0-4　高性能与绿色环保建筑材料

1) 高性能材料：轻质、高强度、多功能、更耐久、美观等。
2) 绿色环保材料：低资源消耗、低能耗、变废为宝、综合利用、多功能等。

3. 建筑材料的各级标准及代号

建筑材料的技术标准是材料生产、使用和流通过程中进行检验，确定产品质量是否合格的技术文件。其主要内容有产品规格、分类、技术要求、检验方法、验收规则、包装及标志、运输与储存等。

我国建筑材料的技术标准分为国家标准、行业标准、地方标准、企业标准四个级别，分别由相应的标准化管理部门批准并颁布，如图0-5所示和见表0-2。

图0-5 各级标准

表0-2 各级标准代号

级别	代号	实例
国家标准	强制性：GB；推荐性：GB/T	《通用硅酸盐水泥》（GB 175—2007）、《建筑用卵石、碎石》（GB/T 14685—2022）、《混凝土质量控制标准》（GB 50164—2011）
行业标准	建筑工程行业标准：JGJ；建筑工程行业推荐性标准：JG/T；建筑材料行业标准：JC；建筑材料行业推荐性标准：JC/T	《普通混凝土配合比设计规程》（JGJ 55—2011）
地方标准	加上代表地区的编号：DB	《建筑工程消防施工质量验收规范》（DB 11/T 2000—2022）
企业标准	QB	《××市××公司玻璃钢门窗企业标准》

4. 课程内容

本书主要研究建筑材料的三大基本内容：①构造组成；②物理、力学性能，技术标准；③质量检验、验收、保管。本书最重要的项目为普通混凝土；重要项目为水硬性胶凝材料、建筑钢材；较重要项目为气硬性胶凝材料、砂浆、墙体材料、防水材料；其他材料简单了解即可。

5. 学习方法

建筑材料课程与文化基础课程相比，有以下学习方法：①对比各种材料，查找其共性与

个性；②理论联系实际；③以科学求实的态度进行试验；④关注新技术、新规范、新材料、新工艺。

6. 见证取样制度

见证取样和送检，是在监理人员的见证下，由施工单位的现场取样人员对工程涉及结构安全的试块、试样和材料在现场取样，并送至经过省级以上建设行政主管部门对其资质认可和质量技术监督部门对其认证的质量检测单位进行检测。这是保证试件、试样具有真实性和代表性的重要途径。

以下试块、试样和材料必须实行见证取样和送检：

1）用于承重结构的混凝土试块。
2）用于承重墙体的砌筑砂浆试块。
3）用于承重结构的钢筋及连接接头试件。
4）用于承重墙体的砖和混凝土小型砌块。
5）用于拌制混凝土和砌筑砂浆的水泥。
6）用于承重结构的混凝土中使用的掺加剂。
7）地下、屋面、厨浴间使用的防水材料。
8）国家规定必须实行见证取样和送检的其他试块、试样和材料。

项目 1　建筑材料的基本性质

典型工作任务：

【典型任务】

某建筑设计有限公司设计的某学校实训楼图纸的建筑设计总说明中对材料的要求摘录如下：

> 1. 卫生间等有水房间隔墙在其底部做素混凝土墙垫；外墙为防水混凝土，抗渗等级为 P6；屋面及外墙防水材料为 SBS 改性沥青卷材。
> 2. 外墙装修采用外墙真石漆。
> 3. 楼地面根据房间功能不同采用陶瓷防滑地砖或整体式陶瓷防滑地砖防水楼地面。工程做法表中指出，陶瓷防滑地砖防水楼地面的工程做法选自《工程用料做法》（12YJ1）第 33 页的"地 201F"，其中的防水材料为 1.5mm 厚的合成高分子防水涂料。
> 4. 所有金属制品的露明部分经除锈后用防锈漆打底，表面刷调合漆两道，颜色同所在墙面颜色；不露明的金属制品仅刷防锈漆两道；所有金属制品在刷底漆前应先除油去锈。凡木料与砌体接触部分应满浸防腐油。
> 5. 外墙±0.000 以上为 240mm 厚轻质混凝土复合保温砌块；内墙采用 200mm 厚蒸压混凝土砌块。
> 6. 外墙保温部分的结构梁、柱采用 LS 复合墙体自保温系统，保温材料为模泡 A 级防火保温强力板［热导率≤0.045W/(m^2·K)］。屋面保温采用 60mm 厚挤塑聚芯板［热导率≤0.030W/(m^2·K)］。
> 7. 门厅入口大门为彩色铝合金全玻璃门，内门为实木套装门。外窗为断桥铝合金中空玻璃窗。
> 8. 隔热铝合金门窗框、扇、拼樘框等的主要受力杆件所用主型材应经设计计算或试验确定；护窗栏杆、走廊栏杆顶部的水平承载能力不小于 1.5kN/m。

图纸中所用的保温材料、墙体材料、门窗材料、地砖材料、栏杆、外墙装修材料、内装修材料、屋面及地下防水材料等，根据使用的部位及要求，在设计与使用中应考虑材料的哪些性质？

典型任务目标：

根据典型工作任务，确定学习任务。确定需要达到的任务目标如下：
1. 能正确合理地选择建筑材料，并正确地应用到建筑工程中。
2. 掌握材料的基本性质，掌握外界因素对材料性质和性能的影响。

3. 掌握建筑材料的各种性质，在以后的工作中能合理选择建筑材料，并正确应用到建筑工程中，养成严谨、认真的职业素养，从而保证工程质量，保证人民生命及财产安全，提高人民生活幸福感。

学习任务：

建筑要承受各种作用，这就要求建筑材料要具有所需要的基本性质。如受到外力作用，材料应有相应的力学性质；受到自然界中阳光、空气、雨淋、冰冻和水的作用，材料应能承受温（湿）度变化、冻融循环等破坏；在建筑不同部位的使用中，材料应具有防水、绝热、隔声、吸声等性能；工业建筑中的材料还可能要求具有耐热、耐腐蚀等性能。所以，在工程设计和施工中，必须充分了解和掌握材料的性质和特点，才能合理地选择和正确使用建筑材料。

建筑材料的主要性质和指标见表 1-1。

表 1-1 建筑材料的主要性质和指标

建筑材料的基本性质	物理性质	与质量有关的性质	密度、表观密度、堆积密度	ρ、ρ_0、ρ_0'
			密实度和孔隙率	D、P
			填充率和空隙率	D'、P'
		与水有关的性质	亲水性和憎水性	润湿角 θ
			吸水性	$W_质$、$W_体$
			吸湿性	含水率 $W_含$
			耐水性	软化系数 $K_软$
			抗冻性	抗冻等级
			抗渗性	抗渗等级
		与热有关的性质	导热性	热导率 λ
			热容量	比热容 C
			热变形性（热胀冷缩）	线胀系数 α
	力学性质	抗破坏能力	强度	f（拉、压、弯、剪）
		变形表现	弹性与塑性	—
	耐久性	综合性质	抗冻性、抗渗性、抗蚀性、大气稳定性、耐磨性、抗老化性、耐热性	抗冻等级

任务 1 学习材料的物理性质

一、与质量有关的性质

在建筑工程中，计算材料用量、构件自重、配料以及确定堆放空间时，经常要用到材料的密度、表观密度和堆积密度等数据，常用建筑材料的密度、表观密度及堆积密度见表 1-2。

三大密度

表 1-2 常用建筑材料的密度、表观密度及堆积密度

材料	密度 ρ/(g/cm³)	表观密度 ρ_0/(kg/m³)	堆积密度 ρ_0'/(kg/m³)
石灰岩	2.60	1800~2600	—
花岗岩	2.80	2500~2800	—

(续)

材料	密度 ρ/(g/cm³)	表观密度 ρ_0/(kg/m³)	堆积密度 ρ_0'/(kg/m³)
碎石（石灰岩）	2.60	—	1400~1700
砂	2.60	—	1450~1650
黏土	2.60	—	1600~1800
普通黏土砖	2.50	1600~1800	—
黏土空心砖	2.50	1000~1400	—
水泥	3.10	—	1200~1300
普通混凝土	—	2000~2800	
轻集料混凝土	—	800~1900	
木材	1.55	400~800	
钢材	7.85	7850	
泡沫塑料	—	20~50	

1. 密度（ρ）

定义：密度是指材料质量与其绝对密实体积（无孔隙的体积）之比。

公式 $$\rho = \frac{m}{V}$$

式中 ρ——密度（g/cm³ 或 kg/m³）；

m——材料在干燥状态下的质量（g 或 kg）；

V——材料在绝对密实状态下的体积（cm³ 或 m³）。

密实体积测法：将材料磨细成粉末（粒径小于 0.2mm）后装入比重瓶（图1-1），排出的液体容量即密实体积。

注意：绝对密实状态下的体积，不包括孔隙体积，是指材料固体物质所占体积。

2. 表观密度（ρ_0）

定义：表观密度是指多孔固体材料质量与其表观体积（包括孔隙的体积）之比。

公式 $$\rho_0 = \frac{m}{V_0}$$

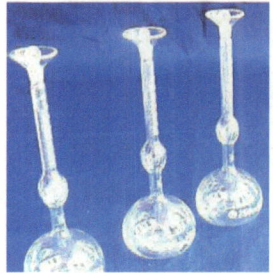

图1-1 比重瓶

式中 ρ_0——表观密度（g/cm³ 或 kg/m³）；

m——材料的质量（g 或 kg）；

V_0——材料的表观体积（cm³ 或 m³）。

表观体积测法：对外形规则的材料，如烧结砖或砌块等（图1-2），其几何体积即为表观体积；对外形不规则的材料（石材等），可用蜡封法封闭空隙，然后用排液法（图1-3）测定其体积。

注意：表观体积是指包含材料内部孔隙的体积；孔隙体积是指材料本身的开口孔、裂口或裂纹以及封闭孔或孔洞所占的体积。

3. 堆积密度（ρ_0'）

定义：堆积密度是指松散颗粒状、粉末状、纤维状材料在自然堆积状态下，单位体积的质量。

a) 烧结砖

b) 砌块

图 1-2　外形规则材料

a) 石子称重

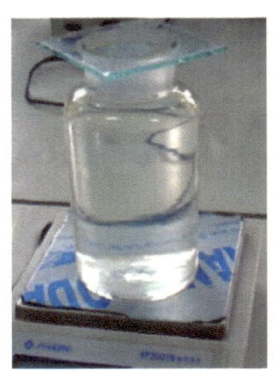
b) 水、容器称重

c) 石材、水、容器称重

图 1-3　排液法测石材表观体积

公式
$$\rho_0' = \frac{m}{V_0'}$$

式中　ρ_0'——堆积密度（g/cm³ 或 kg/m³）；

　　　m——材料的质量（g 或 kg）；

　　　V_0'——材料的堆积体积（cm³ 或 m³）。

研究对象：散粒状（粉末、颗粒、纤维）材料（图1-4）。

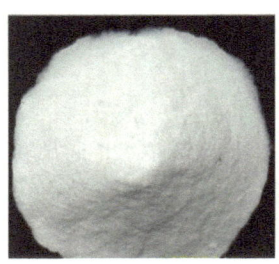
a) 粉末

b) 颗粒

c) 纤维

图 1-4　散粒状材料

图 1-5 所示的砂堆积密度试验，堆积密度反映散粒结构材料堆积的紧密程度及材料可能的堆放空间。

a) 容器称重　　　　b) 装入砂　　　　c) 直尺刮平　　　　d) 称重

图 1-5　砂堆积密度试验

密度、表观密度和堆积密度三者关系：$\rho \geqslant \rho_0 > \rho_0'$，表 1-3 为三大密度对比。

三大密度对比表

表 1-3　三大密度对比

名称	符号	定义（状态）	体积	测法	公式
密度	ρ	绝对密实状态	材料在绝对密实状态下的体积 V	磨细成粉末后再排水	$\rho = m/V$
表观密度	ρ_0	多孔固体、自然状态	材料在绝对密实状态下的体积+内部孔隙体积 $V_0 = V + V_{孔隙}$	规则：计算几何体积 不规则：采用排液法测定	$\rho_0 = m/V_0$
堆积密度	ρ_0'	容器内堆积状态	材料在绝对密实状态下的体积+内部孔隙体积+粒间空隙体积 $V_0' = V + V_{孔隙} + V_{空隙}$	在容器内堆满容积	$\rho_0' = m/V_0'$

4. 密实度与孔隙率

（1）密实度（D）

定义：密实度是指在材料自然的表观体积内，固体体积占总体积的比例。密实度反映材料的致密程度，D 越接近 1，表明材料越密实。

与质量有关：密实度和孔隙率

公式　　　　　$D = \dfrac{V}{V_0} \times 100\% = \dfrac{\rho_0}{\rho} \times 100\%$

（2）孔隙率（P）

定义：孔隙率是指材料体积内，孔隙体积占总体积的百分率。

公式　　　　　$P = \dfrac{V_0 - V}{V_0} \times 100\% = \left(1 - \dfrac{V}{V_0}\right) \times 100\% = \left(1 - \dfrac{\rho_0}{\rho}\right) \times 100\%$

例如：某红砖密度为 2500kg/m³，表观密度为 2000kg/m³，则密实度 $D = 80\%$，孔隙率 $P = 20\%$。

密实度与孔隙率的关系为

$$D + P = 1$$

密实度与孔隙率均反映了材料的致密程度,材料的很多性能如强度、吸水性、耐久性以及导热性等均与之有关。孔隙率的大小及孔隙特征对材料的性质影响很大,孔隙率越大,材料越疏松。孔隙特征是指孔隙的种类(开口孔与闭口孔)、孔径的大小(微孔、细孔、大孔)及孔的分布情况等。密实度与孔隙率对比见表1-4。

表1-4 密实度与孔隙率对比

性质	定义	公式	两者关系	对性质的影响
密实度(D)	材料体积内固体体积占总体积的比例	$D=(V/V_0)\times100\%$ $=(\rho_0/\rho)\times100\%$	(1)$D+P=1$ (2)反映密实程度(通常采用孔隙率来表示),分析的是多孔固体	P越大,越疏松,强度越低,但保温性越好
孔隙率(P)	材料体积内孔隙体积占总体积的比例	$P=[(V_0-V)/V_0]\times100\%$ $=(1-\rho_0/\rho)\times100\%$		

5. 填充率与空隙率

(1)填充率(D')

定义:填充率是指颗粒(如砂子或石子)或粉状材料在堆积体积内,被颗粒材料所填充的程度。

公式
$$D'=\frac{V_0}{V'_0}\times100\%=\frac{\rho'_0}{\rho_0}\times100\%$$

填充率与空隙率

(2)空隙率(P')

定义:空隙率是指颗粒(如砂子或石子)或粉状材料在堆积体积内,颗粒之间的空隙体积所占总体积的百分率。

公式
$$P'=\left(1-\frac{\rho'_0}{\rho_0}\right)\times100\%$$

即
$$D'+P'=1$$

两者从不同角度反映散粒材料的颗粒间相互填充的致密程度。空隙率可作为控制混凝土集料级配与计算含砂率的依据。

二、与水有关的性质

水对于正常使用阶段的建筑材料,一般会产生不同程度的有害作用。但在建筑物使用过程中,材料又不可避免地会受到外界雨、雪、水和冻融等作用,故要特别注意建筑材料和水有关的性质,包括材料的亲水性和憎水性,以及材料的吸水性、吸湿性、耐水性、抗冻性和抗渗性等。

1. 亲水性与憎水性

定义:亲水性是指材料在空气中与水接触时能被水润湿的性质;憎水性是指材料在空气中与水接触时不能被水润湿的性质。

与水接触时,能被水润湿的材料为亲水性材料,不能被水润湿的材料为憎水性材料。根据润湿角θ的大小来判定:$\theta\leqslant90°$为亲水性,否则为憎水性,如图1-6所示。水在亲水性材料表面可以铺展开,且能通过毛细管作用自动进入材料内部;憎水性材料则相反。可以利用憎水性材料作为防水、防潮材料,或用于保护亲水性材料。如SBS防水卷材,既可以用于屋面防水,也可用于厨房、卫生间的地面防水;打蜡可以保护木地板、地砖;涂刷涂料可用于保护木器等。

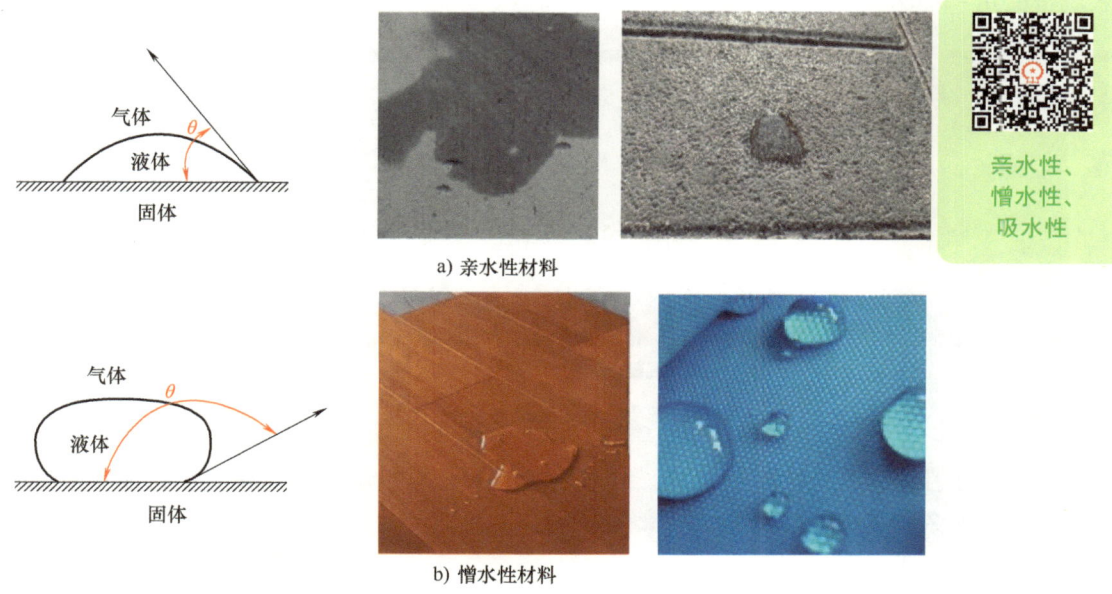

a) 亲水性材料

b) 憎水性材料

图 1-6 亲水性与憎水性材料对比

2. 吸水性与吸湿性

（1）吸水性（$W_质$、$W_体$）

定义：吸水性是指材料在水中能吸收水分的性质，用吸水率表示，包括质量吸水率 $W_质$ 与体积吸水率 $W_体$。

1）质量吸水率 $W_质$：材料在吸水饱和时，所吸水的质量占材料干质量的百分率。

公式

$$W_质 = \frac{m_湿 - m_干}{m_干} \times 100\%$$

式中　$W_质$——材料的质量吸水率（%）；

　　　$m_湿$——材料吸水饱和后的质量（g）；

　　　$m_干$——材料烘干至恒重的质量（g）。

2）体积吸水率 $W_体$：材料在吸水饱和时，所吸水的体积占干燥材料自然体积的百分率。体积吸水率与质量吸水率存在如下关系：

$$W_体 = W_质 \rho_0 \approx P_开$$

式中　ρ_0——表观密度；

　　　$P_开$——开口孔隙率。

表观密度的单位是 g/cm³。材料的开口孔隙能吸收水分，开口孔隙率约等于体积吸水率。

材料的吸水性，不仅取决于材料属于亲水性还是憎水性，还取决于孔隙率的大小和孔隙特征。开口且连通的细小孔隙越多，吸水性越强；闭口孔隙，水分不容易进入；开口粗大的孔隙，水分容易进入，但不能留存，故吸水性较小。各种材料的吸水性差别很大，如花岗岩类致密岩石的吸水率仅为 0.2%~0.7%，普通混凝土为 2%~3%，黏土砖为 8%~20%，木材或其他轻质材料的吸水率可达 100% 以上。

对于轻质材料，如软木、加气混凝土或膨胀珍珠岩（图 1-7）等，质量吸水率往往超过 100%，因此采用体积吸水率表示。其他材料，一般采用质量吸水率表示。例如：膨胀珍珠

岩表观密度 $\rho_0 = 0.075\text{g/cm}^3$，质量吸水率 $W_质 = 400\%$，体积吸水率 $W_体 = 30\%$。

a) 软木　　　　　　　　b) 加气混凝土　　　　　　　c) 膨胀珍珠岩

图 1-7　轻质材料

材料的吸水性会对其产生不良影响。如材料吸水后，自重增加，体积膨胀，强度降低，保温性降低，耐久性降低。

（2）吸湿性（$W_含$）

定义：吸湿性是指材料在潮湿的空气中，吸收空气中水分的性质，用含水率 $W_含$ 表示。含水率（$W_含$）是指材料所含水的质量占材料干燥质量的百分数。

公式

$$W_含 = \frac{m_含 - m_干}{m_干} \times 100\%$$

式中　$W_含$——材料的含水率（%）；

　　　$m_含$——材料含水时的质量（g）；

　　　$m_干$——材料烘干至恒重的质量（g）。

材料含水率的大小，除与本身特征有关外，还与周围环境的温度和湿度有关。气温越低，相对湿度越大，材料含水率也越大。材料既能吸收水分，也能向外界蒸发水分，称为"呼吸"特性。最后与空气湿度达到平衡时的含水率称为平衡含水率。

注意：含水率公式的分母是材料干质量，材料含水质量 $m_含 = m_干 \times (1 + W_含)$，此式经常用于材料吸湿前后干重和湿重的换算。

3. 耐水性（$K_软$）

定义：耐水性是指材料长期在饱和水作用下不被破坏，强度也不显著降低的性质。用软化系数 $K_软$ 表示。

公式

$$K_软 = \frac{f_饱}{f_干}$$

式中　$K_软$——材料的软化系数；

　　　$f_饱$——材料在吸水饱和状态下的抗压强度（MPa）；

　　　$f_干$——材料在完全干燥状态下的抗压强度（MPa）。

软化系数的取值范围为 0~1，其值越大，表明材料的耐水性越好，通常认为软化系数大于 0.8 的材料是耐水性材料。长期处于水中或潮湿环境的重要建筑物或构筑物（图 1-8），必须选用软化系数大于 0.85 的材料。受潮较轻或次要结构的材料，则软化系数不宜小于 0.70。

图 1-8 水中建筑物

4. 抗冻性

定义：抗冻性是指材料在吸水饱和状态下，经多次冻结和融化作用（冻融循环）而不被破坏，同时也不严重降低强度的性质。

抗冻性

抗冻性用抗冻等级表示，如 F50、F100 等，F50 的含义是材料能承受 50 次冻融循环。材料的冻融循环次数越高，则材料的抗冻性能越好。

材料吸水饱和时，在 -15℃ 冻结，再在 20℃ 水中融化，称为一次冻融循环。经过规定次数的反复循环后，若质量损失不大于 5%，强度损失不超过 25%，通常被认为是抗冻材料。

一般来说，密实的材料、具有闭口孔隙且强度较高的材料，具有较强的抗冻能力。常处于水位变化的季节性冰冻地区的建筑，尤其是冬季气温达到 -15℃ 的地区，所用材料一定要进行抗冻性试验。冻融循环破坏如图 1-9 所示。

a) 桥梁冻融破坏　　　　　　　　　　　　b) 桥墩冻融破坏

图 1-9 冻融循环破坏

5. 抗渗性

定义：抗渗性是指材料抵抗水或油等液体压力作用渗透的性质。

抗渗性用抗渗等级 P 表示，如 P8 表示能承受 0.8MPa 的水压而无渗透。

压力水的渗透，会影响工程的使用，破坏材料，降低耐久性。抗渗性与材料的孔隙率和孔隙特征有关，孔隙率小且是封闭孔隙的材料，抗渗性较好。对于地下建筑、外墙或水工建筑，因常受到水的作用，所以要求材料具有一定的抗渗性。

课外篇：民生大事

2021年4月，某开发商通知业主精装房交楼。业主现场查勘房屋卫生间、阳台等处均有渗水痕迹，墙面渗水掉漆发霉，地面渗水。多名业主反映新楼存在楼体开裂和漏水现象。房屋渗漏不仅影响老百姓居家的舒适度，也对建筑物造成了钢筋锈蚀、雨雪冻融破坏、混凝土碱化、使用性能加速弱化等损害，严重的还会危及建筑的结构安全，对建筑安全与建筑寿命具有重要影响。渗漏的原因有很多，如设计环节的不合理，材料选取的不合格，施工质量的不达标等。

掌握建筑材料与水有关的性质，可以有效避免上述问题；同时，也要遵守国家规范，认识到"质量强国"的重要性，增强质量意识，合理设计、严格选材、重视施工，重视人民的生命及财产安全，这是关系到民生的大事。

三、与热有关的性质

在建筑中，为了降低建筑物的使用能耗，以及为生产和生活创造适宜的条件，常要求材料具有一定的热性质，以维持室内温度。常考虑的热性质有材料的导热性、热容量和热变形性等。常见材料的热性质见表1-5。

与热有关的性质

表1-5 常见材料的热性质

材料名称	热导率/[W/(m·K)]	比热容/[J/(g·K)]	线胀系数/(1/K)
钢材	58.20	0.48	$1.2×10^{-5}$
铝合金	203.00	0.90	$23×10^{-6}$
普通混凝土	1.28	0.92	$(10~14)×10^{-6}$
钢筋混凝土	1.74	0.92	—
烧结多孔砖	0.58	1.05	$5.2×10^{-6}$
加气混凝土砌块	0.16	1.05	—
花岗岩	3.49	0.92	—
大理石	2.91	0.92	—
挤塑聚苯板	0.03	1.47	—
聚苯乙烯	0.03	1.34	—
SBS（APP）防水卷材	0.23	1.62	—
合成高分子防水卷材	0.15	1.14	—
玻璃	0.76	0.84	$(4~11.5)×10^{-6}$
水	0.50	4.20	—
空气	0.023	1.40	—

1. 导热性

定义：导热性是指当材料两面存在温差时，热量由温度高的一侧传至温度低的一侧的性质。导热性的大小用热导率 λ 表示。

热导率 λ 的物理意义：在稳定传热条件下，1m厚的材料，两侧表面的温差为1℃，在1s内，通过1m² 面积传递的热量，单位为W/(m·K)。

对于外墙和屋顶等围护结构，希望尽量减少热量的传导，夏季要防止室外热量进入室内称为隔热，冬季防止室内热量的散失称为保温（图1-10）。

图1-10 外墙和屋顶的保温隔热

热导率是评定建筑材料保温隔热性能的重要指标。一般情况下，材料的热导率为0.035~3.5W/(m·K)，热导率λ越小，保温隔热效果越好。通常将λ小于0.23的材料称为绝热材料。热导率与材料成分、内部孔隙构造、表观密度和含水率等有关。由于密闭空气的热导率[λ=0.023W/(m·K)]很小，所以孔隙率较大的材料，热导率较小。材料受潮或受冻后，其热导率会大大提高，这是由于水和冰的传热系数比空气要高很多。因此，绝热材料应防潮防冻，应处于干燥状态，以利于发挥材料的绝热效能。

2. 热容量

定义：热容量是指材料加热时吸收热量，冷却时放出热量的性质，用比热容C表示。

比热容C的物理意义：单位质量（1kg）的材料，温度每升高（或降低）1K，所吸收（或放出）的热量。

比热容大的材料有利于建筑物内部的温度稳定。木材比热容大，适宜作为装饰装修材料。水的比热容大，在冬季，可作为散热器的介质，持续散热；在夏季，可制成水枕、水坐垫等，持续吸热。

在有隔热保温要求的工程中，应尽量选用比热容大、热导率小的材料。

3. 热变形性（热胀冷缩）

定义：热变形性是指温度升高或降低时材料膨胀或收缩的性质，常用线胀系数α表示。

线胀系数α的物理意义：在一定温度范围内材料由于温度上升或下降1K，所引起的长度增长或缩短的值，用于计算材料在温度变化时引起的变形以及温度应力等。

土木工程中要求材料的热变形不要太大。例如，平面较长的建筑物，为了避免热胀冷缩引起破坏，要设伸缩缝（即温度缝），如图1-11所示。

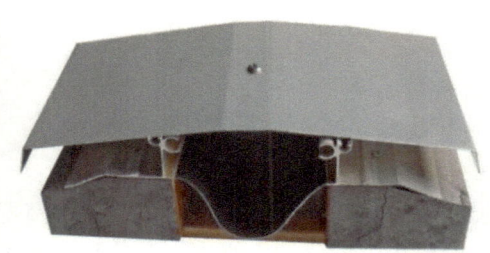

a) 墙体伸缩缝　　　　　　　　　b) 屋顶伸缩缝

图1-11 伸缩缝

课外篇：强国之路

我国高速铁路发展迅速，技术创新日新月异，居世界领先地位。哈大高速铁路北起哈尔滨西站、南至大连北站，线路全长921km，设计速度350km/h，是世界上第一条在高寒地区修建运营的高速铁路。运行区域冬季最低温度可达零下37℃，温差高达70℃。高速铁路运行速度快，对钢轨要求很严格，我国自主研发了无缝钢轨，并解决了热胀冷缩对钢轨的影响。高铁技术不仅在我国发展迅速，带动了经济发展，还走出了国门，助力"一带一路"经济发展。

我们为祖国的发展自豪，在今后的工作学习中要不断钻研，开拓创新，为祖国建材事业的高质量发展添砖加瓦，为实现强国梦而努力奋斗。

任务2　学习材料的力学性质

材料的力学性质主要是指材料在外力（荷载）的作用下，抵抗破坏和变形的性质。

一、材料的强度

定义：材料的强度是指在外力（荷载）的作用下材料抵抗破坏的能力。

材料在建筑物上所受的外力作用形式，主要有拉力、压力、弯曲、剪切和扭转等，如图1-12所示。材料抵抗这些外力作用形式的能力，分别称为抗拉强度、抗压强度、抗弯强度、抗剪强度、抗扭强度。其中，抗弯强度的计算与截面形状、外力作用点和作用形式有关，略微复杂一点。

力学性质

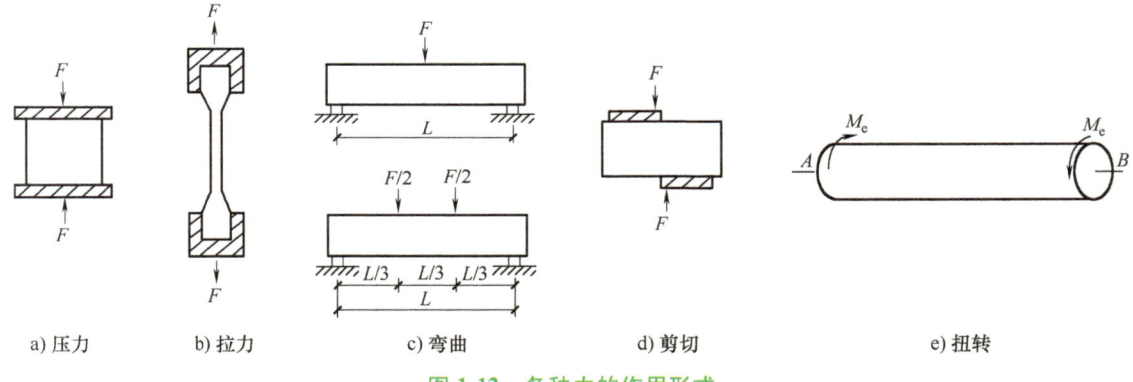

a) 压力　　b) 拉力　　c) 弯曲　　d) 剪切　　e) 扭转

图1-12　各种力的作用形式

抗拉、抗压、抗剪强度的通用计算公式为

$$f = \frac{F}{A}$$

式中　f——材料的强度（MPa）；

　　　F——破坏荷载（N）；

　　　A——受荷面积（mm^2）。

材料的强度与材料的组成及构造有关。一般情况下，孔隙率越大，材料越疏松，则强度越低。材料一般要按强度值的大小来划分牌号或强度等级，使生产者和使用者有据可依，各类标准中对测法以及如何评定分级有明确规定。例如：通用硅酸盐水泥的强度等级一般为42.5~52.5R；混凝土的强度等级一般为C15~C80；砖的强度等级一般为MU10~MU30；砂浆的强度等级一般为 M5~M30；普通碳素钢的牌号一般为 Q195~Q275。

二、材料的弹性与塑性

1. 弹性

定义：弹性是指材料在外力作用下产生变形，当取消外力后，能完全恢复原来形状的性质。这种当外力取消后，能完全恢复的变形叫弹性变形（或瞬时变形）。如在受力不大的情况下橡皮筋、弹簧（图 1-13）以及钢筋的变形。这种变形属于可逆变形，程度用弹性模量 E 表示。弹性模量是衡量材料抵抗变形能力的一个指标，E 越大，材料越不易变形。在弹性变形范围内，弹性模量 E 为常数。

2. 塑性

定义：塑性是指材料在外力作用

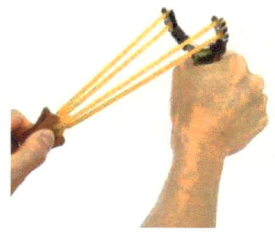

图 1-13 橡皮筋和弹簧

下产生变形，当取消外力后，仍保持变形后的形状和尺寸且不产生裂纹的性质。这种当外力取消后，不能恢复的变形叫塑性变形（或永久变形），绝大部分材料表现为塑性，如橡皮泥或混凝土等。单纯的弹性变形是不存在的。例如，橡皮筋在温度升高后的拉长，或外力变大后的拉长，变形不能完全恢复。

材料的弹性与塑性一般规律：荷载较小时，表现为弹性；荷载较大时，表现为塑性。温度高时，表现为塑性；温度低时，表现为弹性。

课外篇：民族自信

故宫博物院（以下简称故宫）是我国明清两代的皇家宫殿，旧称紫禁城，位于北京城市中轴线的中心。故宫于明成祖永乐四年（1406 年）开始建设，到永乐十八年（1420 年）建成，距今已有 600 多年的历史。故宫以三大殿为中心，占地面积约 72 万 m^2，建筑面积约 15 万 m^2，有大小宫殿 70 多座，房屋近万间。故宫是世界上现存规模最大、保存最为完整的木质结构古建筑群，1961 年被列为第一批全国重点文物保护单位；1987 年被列为世界文化遗产。故宫历史悠久，经历了无数的风雨仍屹立不倒，拥有较好的耐久性，凝聚了中国人民的聪明才智和创造力。

故宫在建造过程中，对木材的选材、运输、防腐等进行了精心设计，保证了材料的耐久性，我国古代劳动人民的伟大智慧令我们敬畏，更值得我们学习，我们应该不畏艰难、勇于担当、敢于创新，为祖国的建设事业贡献力量。

任务 3 学习材料的耐久性

定义：材料的耐久性是指材料在正常使用条件下，受各种内在或外来因素及有害介质的作用时，能不被破坏，长久地保持原有使用性能的性质。

材料在使用过程中，除受到各种外力作用外，还长期受到周围环境和各种自然因素的破坏作用。这些破坏作用一般可分为物理作用、化学作用及生物作用等。因此，耐久性是一项综合指标，包括抗冻性、抗渗性、耐化学腐蚀性、抗风化性、抗碳化性、抗干湿循环、耐磨性、抗锈蚀、耐热性、抗紫外线、耐老化、抗虫蛀、抗腐朽等。不同的材料应着重考

耐久性

虑不同的方面。

1）物理作用（图1-14）：包括干湿变化、温度变化及冻融变化等。这些变化可引起材料的收缩和膨胀，长期和反复作用会使材料逐渐被破坏。砖瓦、石材、陶瓷以及混凝土等应着重考虑抗冻性、抗渗性、耐化学腐蚀性、抗风化性、抗碳化、抗干湿循环、耐磨性等。

a）砖风化　　　　　　　　　　　　b）混凝土碳化

图1-14　物理作用

2）化学作用（图1-15）：是指大气、环境、水以及使用条件下酸、碱、盐等液体或有害气体对材料的侵蚀作用。如钢筋易被氧化生锈，应着重考虑耐化学腐蚀性和抗锈蚀（氧化）等，所以要有保护层；防水卷材在阳光、空气及热辐射的作用下，会老化或变质而被破坏，应着重考虑耐热性、抗紫外线和耐老化等。

a）钢筋氧化生锈　　　　　　　　　　　　b）卷材老化

图1-15　化学作用

3）生物作用（图1-16）：是指菌类和昆虫等的作用使材料腐朽、蛀蚀而被破坏。如木材易被虫蛀而腐朽，所以应着重考虑抗虫蛀和抗腐朽等。

为了提高材料耐久性，延长建筑物的使用寿命和减少维修费用，可根据使用情况和处理特点，采取相应的措施：

1）从材料本身入手：分析材料的成分、构造的影响，提高材料的密实度，适当改变材料的成分等，如改变水泥品种。

2）改变环境：设法减轻大气或周围介质对材料的破坏作用，如降低湿度，排除侵蚀性物质等。

3）从两者的关系入手：增加屏障，增设保护层来保护主体材料免受侵蚀，如木材刷涂

a) 木材腐朽

b) 木材虫蛀

图 1-16　生物作用

料，木地板或瓷砖地板打蜡，地板砖表面施釉，墙面刷涂料等，如图 1-17 所示。

a) 木材刷涂料　　　　　　　　　b) 木地板打蜡

c) 釉面砖　　　　　　　　　d) 墙面刷涂料

图 1-17　表面处理

项目 2　气硬性胶凝材料

典型工作任务：

【典型任务 1】

某建筑设计有限公司设计的某学校实训楼图纸的工程做法表中对材料的要求摘录如下：

> 1. 地面做法选自《工程用料做法》（12YJ1）第 33 页的"地 201"和"地 201F"，其中一道工序所用材料为 150mm 厚的 3∶7 灰土。
> 2. 内墙装修选自《工程用料做法》（12YJ1）第 78 页的"内墙 3C"，面刷涂料。其底灰为 9mm 厚的 1∶1∶6 水泥石灰砂浆，面灰为 6mm 厚的 1∶0.5∶3 水泥石灰砂浆。
> 3. 顶棚选自《工程用料做法》（12YJ1）第 96 页的"棚 5A"。

图纸中所采用的石灰、石膏等材料有哪些性能和特点？对工程质量会有哪些影响？

【典型任务 2】

施工中所用各种材料必须保证材料质量满足规范要求，因此材料在进入施工现场时，首先要进行进场验收，必要时还要进行见证取样。见证取样检测委托单及材料、构（配）件进场验收记录分别见表 2-1、表 2-2。

表 2-1　见证取样检测委托单

工程名称：				编号：
样品名称		使用部位		
样品规格		取样部位		
产地（生产厂家）		样品数量		
合格证号		代表数量		
委托检测单位		委托日期		
检测报告统一编号				
检测内容及要求				
见证取样和送检印章				
签字栏	取样人		见证人	收样人

表 2-2 材料、构（配）件进场验收记录

编号：

工程名称						验收日期		年　月　日		
序号	名称	规格型号	进场数量	生产厂家	质量证明书编号	检验结果	外观检验项目	复试结果	复试报告编号	备注

施工单位检查意见：

监理/建设单位验收意见：

签字栏	监理（建设）单位	施工单位		
		技术负责人	质检员	检验员

如何进行见证取样？检测哪些项目？如何检测？如何判断石灰和石膏的质量能否达到施工要求？

典型任务目标：

根据典型工作任务，确定学习任务。确定需要达到的任务目标如下：

1. 能根据工程所处环境条件合理选用气硬性胶凝材料，能正确应用国家标准，养成依规施工的职业习惯。
2. 掌握气硬性胶凝材料的品种、性能、特点及标准要求。
3. 掌握气硬性胶凝材料的性能、特点，不断提升职业技能，并在以后的工作中会合理选用硬性胶凝材料。

学习任务：

凡在一定条件下，经过自身的一系列物理、化学作用后，由浆体变成坚硬的固体，将散粒（如砂、碎石）或块状材料（如砖、石块）黏结成具有一定强度的整体性材料，统称为胶凝材料。

胶凝材料根据化学成分，分为无机胶凝材料和有机胶凝材料两大类：

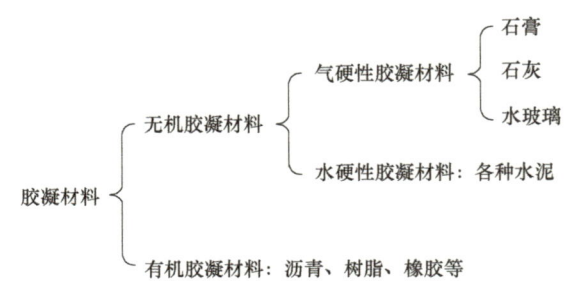

气硬性胶凝材料

1) 气硬性胶凝材料只能在空气中硬化,保持并发展其强度。气硬性胶凝材料一般适用于地上和干燥环境,不宜用于潮湿环境,更不可用于水中。

2) 水硬性胶凝材料既能在空气中硬化,又能在水中硬化,保持并继续发展其强度(见本书项目3)。水硬性胶凝材料既适用于地上环境,也适用于地下或水中。

课外篇:品质精神

通过观看《石灰吟》视频,了解石灰从生产到使用的全过程,借物喻人,学习作者高洁的理想、积极进取的人生态度和大无畏的凛然正气;学习石灰默默奉献、清白做人的品质,勤勉工作,为祖国的建设事业奉献自己的力量。

任务1　认识石灰

石灰在我国的应用历史十分悠久,包括砌筑、抹灰或刷白等工艺;应用范围广泛,如万里长城上的青砖白缝。石灰是建筑上最早使用的胶凝材料。

石灰

一、石灰的生产

生产石灰是以碳酸钙($CaCO_3$)为主要成分的天然矿石,如石灰石(图2-1)或白垩等,石灰石经石灰窑(图2-2)高温煅烧后生成的块状物质即为生石灰(图2-3),简称石灰,反应式如下:

$$CaCO_3 \xrightarrow{900\sim1000℃} CaO(生石灰) + CO_2\uparrow$$

图2-1　石灰石

图2-2　石灰窑

图2-3　生石灰

二、石灰的分类

1) 按煅烧的温度和时间不同,石灰分为欠火石灰、正火石灰和过火石灰。

当煅烧的温度过低或时间过短时,石灰石不能完全分解,则产生欠火石灰,这会降低石灰的质量和产量，降低石灰的利用率。当煅烧的温度过高或时间过长时，则产生过火石灰，过火石灰质地坚密，熟化缓慢，导致已硬化的砂浆产生鼓包或崩裂等现象（图2-4）。煅烧良好的正火石灰，轻质色匀，产量高。

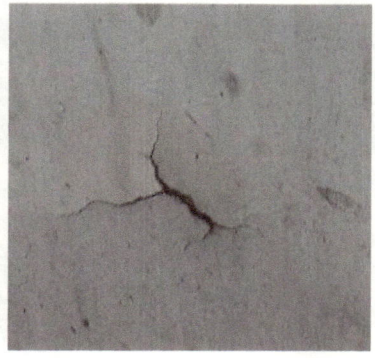

图 2-4　过火石灰及由此导致的鼓包、崩裂

2）按外观形态不同，石灰分为块状石灰和磨细石灰粉（图2-5）。

图 2-5　块状石灰和磨细石灰粉

3）按化学成分不同，石灰分为生石灰和熟石灰（消石灰）。
4）按所含氧化镁的含量不同，石灰分为钙质石灰和镁质石灰两大类。

三、石灰的熟化

生石灰的熟化（又称消化或消解），是指生石灰与水作用生成氢氧化钙的化学反应，反应式如下：

$$CaO + H_2O \longrightarrow Ca(OH)_2 + 热量$$

经熟化所得的氢氧化钙称为消石灰（或熟石灰），熟化时放出大量的热，其体积膨胀1~2.5倍。熟化的方法有两种：加适量水或加多量水。

1. 熟石灰粉

将生石灰分层淋适量的水，使石灰既充分熟化，又不会过湿成团，此时得到的产品就是熟石灰粉或消石灰粉（图2-6）。

2. 石灰膏

在生石灰中加入过量的水，得到的浆体是石灰乳（图2-7），经滤网过滤后进入储灰池，在储灰池中沉淀成石灰膏（图2-8）。

图 2-6　淋灰（加适量水熟化）　　图 2-7　石灰乳（加多量水熟化）　　图 2-8　石灰膏

为了消除过火石灰的危害，石灰膏一般在储灰池中放置两周以上，这一过程称为石灰的"陈伏"。陈伏期间，石灰浆表面应保有一层水分与空气隔绝，以免石灰膏干裂和碳化。陈伏既熟化了过火石灰，又滤除了欠火石灰。消石灰粉也需要陈伏。

四、石灰的硬化

石灰浆在空气中逐渐干燥变硬的过程称为硬化，硬化过程是由结晶和碳化作用共同完成的。

1）结晶作用：是指石灰浆中的游离水分蒸发或被砌体吸收，氢氧化钙逐渐从饱和溶液中结晶析出，使浆体硬化产生强度的过程。

2）碳化作用：是指石灰浆中的氢氧化钙与空气中的二氧化碳化合生成碳酸钙结晶，释出水分并逐渐蒸发的过程。

由于空气中的二氧化碳含量低，且石灰浆表面碳化后形成的碳酸钙硬壳阻止二氧化碳向内部渗透，同时也妨碍水分向外蒸发，因而自然状态下硬化速度十分缓慢。

五、石灰的技术要求

根据建材行业标准《建筑生石灰》（JC/T 479—2013）的规定，生石灰按化学成分分为钙质石灰和镁质石灰两大类；根据化学成分的不同，各自又有不同的细分，见表 2-3。建筑生石灰的技术要求见表 2-4，检验结果均达到表 2-4 的相应等级的要求时，则判定为合格产品。

表 2-3　建筑生石灰的分类

类别	名称	代号
钙质石灰	钙质石灰 90	CL 90
	钙质石灰 85	CL 85
	钙质石灰 75	CL 75
镁质石灰	镁质石灰 85	ML 85
	镁质石灰 80	ML 80

表 2-4　建筑生石灰的技术要求

名称	（氧化钙+氧化镁）含量 $(CaO+MgO)$（%）	氧化镁含量 MgO（%）	二氧化碳含量 CO_2（%）	三氧化硫含量 SO_3（%）	产浆量/$(dm^3/10kg)$	细度 0.2mm 筛余量（%）	细度 90μm 筛余量（%）
CL 90-Q	≥90	≤5	≤4	≤2	≥26	—	—
CL 90-QP					—	≤2	≤7

（续）

名称	（氧化钙+氧化镁）含量（CaO+MgO）（%）	氧化镁含量 MgO（%）	二氧化碳含量 CO_2（%）	三氧化硫含量 SO_3（%）	产浆量/（dm^3/10kg）	细度 0.2mm 筛余量（%）	细度 90μm 筛余量（%）
CL 85-Q	≥85	≤5	≤7	≤2	≥26	—	—
CL 85-QP	≥85	≤5	≤7	≤2	—	≤2	≤7
CL 75-Q	≥75	≤5	≤12	≤2	≥26	—	—
CL 75-QP	≥75	≤5	≤12	≤2	—	≤2	≤7
ML 85-Q	≥85	>5	≤7	≤2		—	—
ML 85-QP	≥85	>5	≤7	≤2		≤2	≤7
ML 80-Q	≥80	>5	≤7	≤2			
ML 80-QP	≥80	>5	≤7	≤2		≤7	≤2

说明：CL 表示钙质石灰；ML 表示镁质石灰；Q 表示生石灰块；QP 表示生石灰粉；90 表示氧化钙+氧化镁的百分含量。

根据建材行业标准《建筑消石灰》（JC/T 481—2013）的规定，建筑消石灰的分类按扣除游离水和结合水后的氧化钙+氧化镁的百分含量加以分类，见表 2-5。建筑消石灰的技术要求见表 2-6，检验结果均达到表 2-6 的相应等级的要求时，则判定为合格产品。

表 2-5　建筑消石灰的分类

类别	名称	代号
钙质消石灰	钙质消石灰 90	HCL 90
钙质消石灰	钙质消石灰 85	HCL 85
钙质消石灰	钙质消石灰 75	HCL 75
镁质消石灰	镁质消石灰 85	HML 85
镁质消石灰	镁质消石灰 80	HML 80

说明：HCL 表示钙质消石灰；HML 表示镁质消石灰；90 表示氧化钙+氧化镁的百分含量。

表 2-6　建筑消石灰的技术要求

名称	（氧化钙+氧化镁）含量（CaO+MgO）（%）	氧化镁含量 MgO（%）	三氧化硫含量 SO_3（%）	游离水含量（%）	细度 0.2mm 筛余量（%）	细度 90μm 筛余量（%）	安定性
HCL 90	≥90	≤5	≤2	≤2	≤2	≤7	合格
HCL 85	≥85	≤5	≤2	≤2	≤2	≤7	合格
HCL 75	≥75	≤5	≤2	≤2	≤2	≤7	合格
HML 85	≥85	>5	≤2	≤2	≤2	≤7	合格
HML 80	≥80	>5	≤2	≤2	≤2	≤7	合格

六、石灰的特性

1. 凝结硬化慢，强度低

石灰浆在空气中凝结硬化速度缓慢，导致氢氧化钙和碳酸钙结晶的量很少，硬化后的强度也不高。通常石灰砂浆（石灰、砂体积比为 1∶3）的 28d 强度仅为 0.2~0.5MPa，所以不能用于强度要求较高的部位。另外，为便于硬化，要掺砂、纸筋或麻刀（图 2-9）等形成连通孔隙，便于硬化。

2. 可塑性和保水性好

生石灰熟化为石灰浆时，能自动形成颗粒极细（直径约为1μm）的呈胶体分散状态的氢氧化钙，表面还吸附了一层较厚的水膜。在水泥砂浆中掺入石灰浆，可显著提高砂浆的可塑性；也会使砂浆有良好的和易性，便于施工。

3. 吸湿性强

生石灰吸湿性强，保水性好，是传统的干燥剂。

4. 耐水性差

硬化后的石灰长期受潮会溶解，强度极低，在水中还会溃散。所以，石灰不宜在潮湿的环境下使用，也不宜单独用于重要建筑物的基础。

5. 体积收缩大

石灰浆在硬化过程中，由于大量的水分蒸发引起体积收缩，导致开裂（图2-10），所以除调成石灰乳进行薄层涂刷外，不宜单独使用。常掺入砂、纸筋或麻刀等来抵抗因收缩引起的开裂和增加抗拉强度。

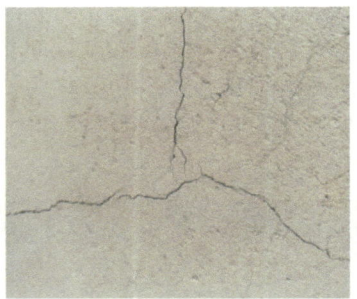

图2-9　纸筋和麻刀　　　　　　　　图2-10　石灰硬化开裂

七、石灰的应用

1. 配制石灰乳涂料

用熟化并陈伏好的石灰膏稀释成的石灰乳，是一种传统的涂料，一般用于内墙和顶棚涂刷，可增加室内的美感和亮度。

2. 配制砂浆

以石灰膏为胶凝材料，掺入砂和水，拌和后可制成石灰砂浆（图2-11）；在水泥砂浆中掺入石灰膏后，可制成水泥石灰混合砂浆（图2-12），用于抹灰和砌筑。

图2-11　石灰砂浆　　　　　　　　图2-12　水泥石灰混合砂浆

3. 配制三合土和灰土

三合土（石灰+黏土+砂、石或炉渣等，图 2-13）和灰土（石灰+黏土，图 2-14）是按一定的比例混合制成的，常用三七灰土（石灰、黏土体积比为 3∶7）和二八灰土（石灰、黏土体积比为 2∶8）。经夯实后的三合土和灰土广泛用于建筑物的基础、路面或地面的垫层，其强度和耐水性比石灰或黏土都高。

图 2-13　三合土

图 2-14　灰土

4. 制作硅酸盐制品

以石灰（消石灰粉或生石灰粉）与硅质材料（砂、粉煤灰、火山灰、矿渣等）为主要原料，经配料、拌和、成型以及养护（蒸汽养护或蒸压养护），就可得到密实或多孔的硅酸盐制品，如灰砂砖、粉煤灰砖、砌块及加气混凝土砌块等，如图 2-15 所示。

a) 灰砂砖

b) 粉煤灰砖

c) 加气混凝土砌块

图 2-15　硅酸盐制品

5. 制作碳化石灰板

碳化石灰板是将磨细生石灰、纤维状填料（玻璃纤维）或轻质集料（矿渣）加水搅拌成型，然后再通入二氧化碳进行人工碳化（12~24h）制成的一种轻质板材，适合用作非承重的内隔墙板或顶棚（天花板）等，如图 2-16 所示。

八、石灰的储存、运输和质量证明书

建筑生石灰应分类、分等级储存在干燥的仓库内，不宜长期储存，生石灰进场后要尽快熟化。运输建筑生石灰时不准与易燃、易爆和液体物品混装，运输时要采取防水措施。

图 2-16　碳化石灰板

每批产品出厂时，应向用户提供质量证明书。质量证明书上应注明生产厂名、厂址、产品名称、品级、理化指标检验结果、批号（或生产日期）、本标准编号。

任务 2　认识石膏

一、石膏的生产

生产石膏的主要原料是天然二水石膏（图 2-17），又称软石膏或生石膏，经过破碎、加热、煅烧、脱水以及磨细后，可得石膏胶凝材料。同一种原料，在不同的煅烧条件下，可得到性质不同的石膏产品（图 2-18）。

石膏

图 2-17　天然二水石膏

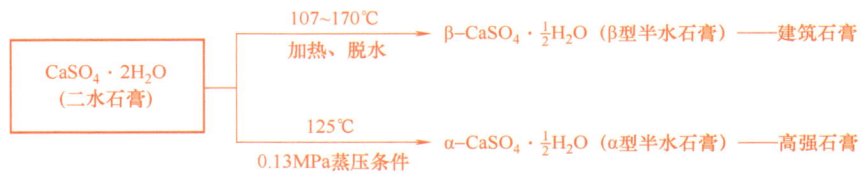

图 2-18　石膏加工条件及其相应产品示意

二、石膏的分类

（1）建筑石膏（又称熟石膏）

将 β 型半水石膏磨细成白色粉末，即为建筑石膏（图 2-19）。因其晶体细小，将它调制成一定稠度的浆体时，需水量较大，因而其制品强度较低。建筑石膏可用于室内粉刷，制作装饰制品、多孔石膏制品和石膏板等。

熟石膏若杂质含量少，颜色较白、粒度较细的称为模型石膏。它比建筑石膏凝结快，强度高，主要用于制作模型、雕塑或花饰等（图 2-20）。

图 2-19　建筑石膏

（2）高强石膏

将 α 型半水石膏磨细成白色粉末，即为高强石膏。其晶体粗大，需水量少，其制品硬化后密实度较大，强度较高。高强石膏适用于强度要求较高的抹灰工程、装饰制品和石膏板。掺入防水剂后，其制品可用于湿度较高的环境中。

a) 石膏模型　　　　　　　　b) 石膏雕塑　　　　　　　　c) 石膏花饰

图 2-20　模型石膏

三、建筑石膏的技术要求

建筑石膏组成成分中的 β 型半水硫酸钙 $\left(\beta\text{-}CaSO_4 \cdot \frac{1}{2}H_2O\right)$ 的含量（质量分数）应不小于 60%。建筑石膏的物理、力学性能应符合表 2-7 的要求。

表 2-7　建筑石膏的物理、力学性能

等级	凝结时间/min		强度/MPa			
			2h 湿强度		干强度	
	初凝	终凝	抗弯	抗压	抗弯	抗压
4.0	≥3	≤30	≥4.0	≥8.0	≥7.0	≥15.0
3.0			≥3.0	≥6.0	≥5.0	≥12.0
2.0			≥2.0	≥4.0	≥4.0	≥8.0

四、建筑石膏的特性

1. 凝结硬化速度快

石膏加水后在 30min 内很快凝结，为方便施工常加入适量的缓凝剂，如硼砂、动物胶或亚硫酸盐酒精废液等。

2. 凝结硬化时体积膨胀

这种特性能使石膏制品表面光滑饱满、棱角清晰，干燥时不开裂。

3. 孔隙率大、表观密度小、强度较低

建筑石膏在使用时，加入的水分比水化所需的水要多，内部形成大量微孔，使其重量减轻，抗压强度也因此下降。通常，石膏硬化后的表观密度为 800~1000kg/m³，抗压强度为 3~5MPa。

4. 保温隔热、吸声性能良好

由于表观密度小、孔隙率大、质量小，所以具有保温隔热、吸声性能良好的优良特性。

5. 具有一定的湿度调节能力

由于多孔结构的特点，对空气中的水蒸气具有较强的吸附性，在干燥时又可释放水分，所以石膏对室内空气湿度有一定的调节作用。

6. 防火性良好

遇火后，石膏硬化后的主要成分——二水石膏中的结晶水蒸发并吸收热量，制品表面形成蒸汽幕，能有效阻止火的蔓延。

7. 耐水性和抗冻性差

石膏制品多孔、吸水性强，受水后二水石膏溶解，产生变形且强度降低。

8. 有良好的装饰性和可加工性

石膏表面光滑饱满，颜色洁白，质地细腻，具有良好的装饰性。微孔结构使其脆性有所改善，硬度也较低，所以硬化石膏可锯、可刨、可钉，具有良好的可加工性。

五、建筑石膏的应用

1）建筑石膏可制成石膏砌块（图 2-21）、纸面石膏板（图 2-22）、空心石膏条板（图 2-23）、纤维石膏板（图 2-24）、石膏吊顶（图 2-25）、装饰石膏柱和花饰等制品（图 2-26、图 2-27），可用于建筑物的室内隔墙、墙面和顶棚的装饰装修等。石膏板材作为一种新型墙体材料，具有质轻、美观、防火、抗震、保温、隔热、调节湿度、占地面积少、施工方便和节能等优点。

图 2-21　石膏砌块

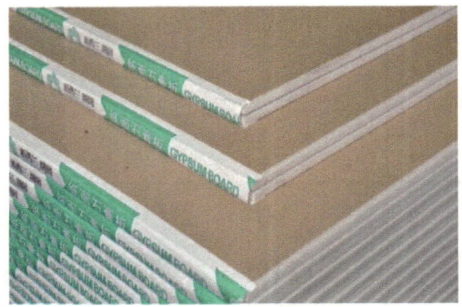

图 2-22　纸面石膏板

图 2-23　空心石膏条板

图 2-24　纤维石膏板

图 2-25　石膏吊顶

图 2-26　装饰石膏柱和花饰

 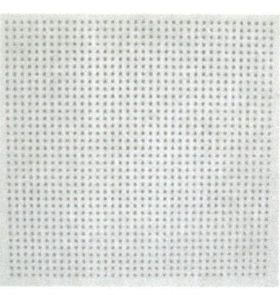 

a) 角线　　　　　　　　　b) 吸声板　　　　　　　　　c) 装饰板

图 2-27　装饰石膏制品

2）石膏用作室内抹灰和粉刷，装饰效果好。
3）石膏用于制作建筑雕塑，轻质、美观。
4）石膏用于生产水泥，起缓凝作用。
5）石膏用于生产各种硅酸盐建筑制品，具有轻质、保温和隔热的特点。

六、石膏的包装、运输和储存

1）建筑石膏一般采用袋装或散装供应。采用袋装时应用防潮包装袋来包装。
2）建筑石膏在运输和储存时，不得受潮或混入杂物。
3）建筑石膏自生产之日起，在正常运输和储存条件下，储存期为三个月。

课外篇：绿色环保

石膏，由于本身特殊的成分和构造，非常适合用于装饰装修工程，其轻质、耐火、微膨胀的特性，有利于减轻建筑物荷载、减少墙体裂缝，从而保证人民生命财产的安全，在建筑装修中得到了广泛的应用。

广元市剑阁县廊桥酒店，位于四川省广元市剑阁县城清江河畔，廊桥酒店为丰富蜀汉历史文化内涵，彰显剑门千年历史，特修建成具有现代蜀汉风格的仿古园林景观建筑。为了减轻桥身荷载并满足 4h 防火要求，隔墙板要求：墙体厚度 120mm，耐火极限大于 4h，空气声隔声量大于 47dB，传热系数小于 $1.5W/(m^2 \cdot K)$，单位面积质量小于 $800kg/m^2$。经建设单位、设计单位、施工单位多次考察，确定采用改性石膏轻质隔墙板，不仅减轻了桥身荷载，还满足了防火、隔声、保温节能等要求，缩短了工期、节约了施工费用。

我们要掌握石膏的各种特性，不断开发新技术、新材料，为我国低碳减排、节能环保的绿色建筑事业发展做出贡献。

任务 3　认识水玻璃

水玻璃

建筑工程中常用的水玻璃是指硅酸钠（$Na_2O \cdot nSiO_2$）的水溶液（图 2-28），俗称泡花碱，优质纯净的水玻璃为无色透明的黏稠液体，溶于水，当含有杂质时呈淡黄色或青灰色。

硅酸钠分子式 $Na_2O \cdot nSiO_2$ 中的 n 称为水玻璃的模数，代表 Na_2O 和 SiO_2 的分子数比例，是非常重要的参数。n 值越大，水玻璃的黏性和强度越高，但在水中的溶解能力越低。土木工程中常用的水玻璃模数 n 为 2.6~2.8，此时既易溶于水又有较高的强度。

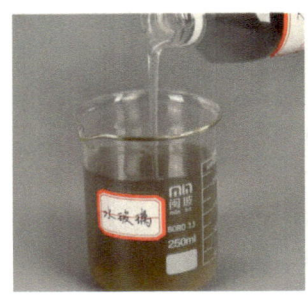

a) 液态水玻璃　　　　　　　b) 固态水玻璃

图 2-28　水玻璃

一、水玻璃的硬化

液态水玻璃在空气中吸收二氧化碳（浓度较低），形成无定形硅酸凝胶，并逐渐干燥硬化，但硬化进程很慢，为了加快硬化和提高硬化后的防水性，常加入氟硅酸钠（Na_2SiF_6）作为促硬剂（其适宜用量为 12%~15%）。

二、水玻璃的技术性质

1. 黏结力强

水玻璃硬化后具有较高的黏结强度、抗拉强度和抗压强度。水玻璃硬化析出的硅酸凝胶还有堵塞毛细孔隙，防止水分渗透的作用。

2. 耐酸性好

硬化后的水玻璃，其主要成分是二氧化硅，具有很好的耐酸性能，能抵抗大多数无机酸和有机酸的作用，但易被碱性介质腐蚀。

3. 耐热性好

水玻璃不燃烧，硬化后形成二氧化硅空间网状骨架，具有良好的耐热性能，而且在高温下硅酸凝胶更加干燥，强度并不降低，甚至有所增加。

4. 耐碱性和耐水性较差

单一成分的水玻璃可溶于碱和水中，所以单一成分的水玻璃的耐碱性和耐水性较差。

三、水玻璃的应用

水玻璃的应用如图 2-29 所示。

a) 防水涂料　　　　b) 防水剂　　　　c) 注浆加固

图 2-29　水玻璃的应用

1. 用作涂料

直接将液体水玻璃涂刷在建筑物表面，或黏土砖、硅酸盐制品、水泥混凝土等多孔材料表面，可使材料的密实度、强度、抗渗性和耐水性得到提高。

2. 配制防水剂

水玻璃可与多种矾配制成速凝防水剂（多矾防水剂），用于堵漏或填缝等局部抢修工程。这种多矾防水剂的凝结速度很快，一般为几分钟，其中四矾防水剂不超过1min，故工地上使用时必须做到即配即用。多矾防水剂常用胆矾（硫酸铜）、红矾（重铬酸钾）、明矾（也称为白矾，即十二水硫酸铝钾）和紫矾等四种矾。

3. 加固土壤

将水玻璃与氯化钙溶液交替注入土壤中，两种溶液迅速反应生成硅胶和硅酸钙凝胶，起到胶结和填充孔隙的作用，使土壤的强度和承载能力得到提高，常用于粉土、砂土和填土的地基加固，称为双液注浆。

4. 配制水玻璃砂浆

将水玻璃、矿渣粉、砂和氟硅酸钠按一定比例配制成砂浆，可用于修补墙体裂缝。

5. 配制耐酸胶凝、耐酸砂浆、耐酸混凝土

耐酸胶凝是用水玻璃和耐酸粉料（常用石英粉）配制而成的，与耐酸砂浆和耐酸混凝土一样，主要用于有耐酸要求的工程，如硫酸池。

6. 配制耐热胶凝、耐热砂浆和耐热混凝土

水玻璃耐热胶凝主要用于耐火材料的砌筑和修补，水玻璃耐热砂浆和耐热混凝土主要用于高炉基础和其他有耐热要求的结构部位。

项目 3 水硬性胶凝材料

典型工作任务：

【典型任务 1】

某建筑设计有限公司设计的某住宅楼图纸的结构设计总说明中对材料的要求摘录如下：

> 1. 门窗洞口的阳角做圆角，一般抹灰粉刷墙面的阳角时，抹 1：3 水泥砂浆作为护角。
> 2. 本建筑屋面防水等级为Ⅰ级，防水材料为两道 3mm+3mm 厚的 SBS 改性沥青卷材。屋面防水卷材用不燃材料覆盖，不上人屋面为 20mm 厚 1：2.5 水泥砂浆，上人屋面为 40mm 厚细石混凝土。
> 3. 基础筏形板、地下室外墙、有覆土的楼板、人防工程顶板、临空墙、人防工程隔墙、门框墙均采用防水混凝土，防水混凝土的设计抗渗等级为 P6。防水混凝土的胶凝材料用量不宜小于 320kg/m³，水泥用量不宜小于 260kg/m³（当掺有活性掺合料时，水泥用量不得小于 280kg/m³），水胶比不得大于 0.5，最大氯离子含量（以胶凝材料的质量百分率计）不得大于 0.1%。

图纸中的屋顶等围护结构、基础等潮湿环境构件、护角等容易磕碰的部位，为什么使用水泥砂浆或水泥混凝土？可以用项目 2 中的石灰或石膏吗？

【典型任务 2】

水泥如何进行见证取样？应检测哪些项目？如何检测？依据水泥的检测报告如何判断水泥质量？

典型任务目标：

根据典型工作任务，确定学习任务。确定需要达到的任务目标如下：

1. 能按照国家规范，高标准、高质量地进行水泥的技术性能检测，并能根据检测报告分析并判断水泥质量。
2. 能根据工程特点选用水泥，能正确储存与保管水泥。
3. 掌握通用硅酸盐水泥的种类、技术性能及应用。
4. 了解其他系列水泥的特性及应用。
5. 了解水泥的鉴别方法。
6. 提高互助协作意识，在小组内分工合作进行水泥的检测。
7. 克服困难、循序渐进，逐步掌握水泥的各项技术指标，提高学习的自信心。

项目 3 水硬性胶凝材料

学习任务：

任务 1　学习通用硅酸盐水泥

水泥（图 3-1）是粉末状水硬性胶凝材料，加水拌和后，成为塑性浆体，能将砂、石子等松散材料胶结成一个整体，既能在潮湿的空气中又能在水中凝结硬化。

水泥按主要熟料矿物成分分为硅酸盐系水泥、铝酸盐系水泥、铁铝酸盐系水泥和硫铝酸盐系水泥等。在各类工程中多以硅酸盐系水泥为主。

硅酸盐系水泥按用途分为通用硅酸盐水泥（产量占水泥总产量的 95% 以上）、专用硅酸盐水泥和特性硅酸盐水泥，详见表 3-1。

图 3-1　水泥成品

表 3-1　硅酸盐系水泥分类

类别	主要品种	用途
通用硅酸盐水泥	硅酸盐水泥、普通硅酸盐水泥、矿渣硅酸盐水泥、火山灰质硅酸盐水泥、粉煤灰硅酸盐水泥、复合硅酸盐水泥	用于一般土木建筑工程
专用硅酸盐水泥	道路水泥、砌筑水泥、大坝水泥	用于某种专用工程
特性硅酸盐水泥	快硬水泥、低热水泥、防腐蚀水泥、防辐射水泥、膨胀水泥	用于某些性能有特殊要求的混凝土工程

课外篇：强国园地

"加快实现高水平科技自立自强"——我们要深刻认识高水平科技自立自强作为我国现代化建设基础性、战略性支撑的重大意义，我国水泥生产企业自改革开放以来得到了跨越式发展，特别是 2012 年以来，我国水泥产品不但在传统的周边国家和非洲地区占有很大的市场份额，还进入了中东地区、东欧地区、拉美地区市场，我国新型干法水泥生产技术与装备已取得了重大突破。技术的创新历程，推动着我国水泥工业的快速发展。

一、水泥的分类与包装

1. 分类

按混合材料的品种和掺量，通用硅酸盐水泥分为硅酸盐水泥、普通硅酸盐水泥、矿渣硅酸盐水泥、火山灰质硅酸盐水泥、粉煤灰硅酸盐水泥、复合硅酸盐水泥，如图 3-2 所示。

1）硅酸盐水泥：由硅酸盐水泥熟料、0~5% 石灰石或粒化高炉矿渣和适量石膏经磨细制成的水硬性胶凝材料，称为硅酸盐水泥（又名波特兰水泥）。有两种类型：Ⅰ型（不掺混合材料），代号 P·Ⅰ；Ⅱ型（掺含量 5% 以下的混合材料），代号 P·Ⅱ。其成品为灰绿色粉末，包装袋两侧印刷字体为红色。

五大通用水泥对比

2）普通硅酸盐水泥：由硅酸盐水泥熟料、6%~20% 的混合材料和适量石膏经磨细制成的水硬性胶凝材料，称为普通硅酸盐水泥（简称普通水泥），代号 P·O。其成品为灰绿色粉末，包装袋两侧印刷字体为红色。

3）矿渣硅酸盐水泥：由硅酸盐水泥熟料、20%~70%粒化高炉矿渣和适量石膏经磨细制成的水硬性胶凝材料，称为矿渣硅酸盐水泥（简称矿渣水泥），代号P·S。其成品为灰绿色粉末，包装袋两侧印刷字体为绿色。

4）火山灰质硅酸盐水泥：由硅酸盐水泥熟料、20%~40%火山灰质混合材料和适量石膏经磨细制成的水硬性胶凝材料，称为火山灰质硅酸盐水泥（简称火山灰水泥），代号P·P。其成品为淡红色或淡绿色粉末，包装袋两侧印刷字体为黑色或蓝色。

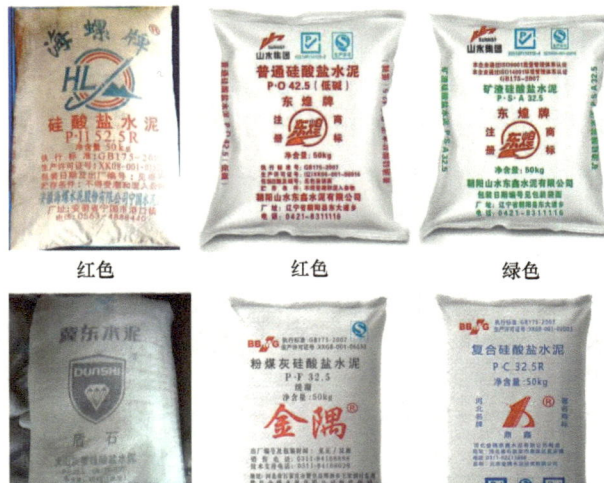

图3-2　部分水泥品种包装袋颜色差异

5）粉煤灰硅酸盐水泥：由硅酸盐水泥熟料、20%~40%粉煤灰和适量石膏经磨细制成的水硬性胶凝材料，称为粉煤灰硅酸盐水泥（简称粉煤灰水泥），代号P·F。其成品为灰黑色粉末，包装袋两侧印刷字体为黑色或蓝色。

6）复合硅酸盐水泥：由硅酸盐水泥熟料、两种或两种以上的混合材料和适量石膏经磨细制成的水硬性胶凝材料，称为复合硅酸盐水泥（简称复合水泥），代号P·C。包装袋两侧印刷字体为黑色或蓝色。

2. 包装

1）水泥有袋装（图3-3）和散装（图3-4）两种包装形式。袋装水泥每袋净含量50kg，且不得少于标志质量的99%。

图3-3　袋装水泥

图3-4　散装水泥

2）水泥包装袋上的标志内容有水泥的品种名称、代号、强度等级、出厂日期、净含量、生产单位和厂址、执行标准号、生产许可证编号、出厂编号、包装年月日。散装发运时，应提交与袋装标志相同内容的卡片。

3）水泥品种名称不同，其包装袋上印刷字体的颜色也不相同。

二、水泥的成分、凝结硬化与性质

1. 水泥的成分

硅酸盐系水泥均是由硅酸盐水泥熟料、石膏和混合材料组成的。硅酸盐系水泥生产的过程可以概括为"两磨一烧",即生料磨细后经 1450℃ 高温煅烧成熟料,加石膏和混合材料后再磨细成水泥成品。

通用硅酸盐水泥 1

(1) 熟料

煅烧得到的硅酸盐水泥熟料是关键成分,含有四种矿物成分(表 3-2)。其中,提高硅酸三钙的含量可以制得高强水泥,降低硅酸三钙和铝酸三钙的含量可以制得低水化热的大坝水泥。硅酸三钙是赋予硅酸盐水泥早期强度的矿物,硅酸二钙是决定硅酸盐水泥后期强度的矿物。表 3-2 为水泥熟料四种矿物成分分别与水反应时的特点。

表 3-2 水泥熟料四种矿物成分分别与水反应时的特点

矿物成分名称	符号	水化产物	反应速度	水化热	强度发展	后期强度	收缩	耐腐蚀性
硅酸三钙	C_3S	水化硅酸钙凝胶、氢氧化钙晶体	快	高	快	高	中	差
硅酸二钙	C_2S		慢	低	慢	高	小	好
铝酸三钙	C_3A	水化铝酸钙晶体	最快	高	快	低	大	差
铁铝酸四钙	C_4AF	水化铝酸钙晶体、水化铁酸钙凝胶	较快	中等	中	中	小	较好

(2) 石膏

水泥中加入石膏(图 3-5),是为了消除铝酸三钙的危害,避免瞬凝现象,延缓水泥凝结时间,方便施工。石膏与铝酸三钙发生反应得到钙矾石。

(3) 混合材料

混合材料包括活性混合材料和非活性混合材料。活性混合材料的活性是指能被"激活",本来不能与水发生反应的材料,如果遇到石灰或石膏等就会被激活,与水发生反应。如粒化高炉矿渣(图 3-6)、粉煤灰(图 3-7)、火山灰质混合材料(图 3-8)。非活性混合材料掺入水泥后,不与水泥成分发生化学反应或反应很弱,主要起填充作用,可调节水泥强度,降低水化热及增加水泥产量等。如磨细石英砂(图 3-9)、石灰石(图 3-10)、黏土和缓冷矿渣等。

图 3-5 石膏

图 3-6 粒化高炉矿渣

图 3-7 粉煤灰

图 3-8　火山灰质混合材料　　　图 3-9　磨细石英砂　　　图 3-10　石灰石

课外篇：节能意识

从水泥"两磨一烧"的生产工艺可知，在水泥的生产过程中会使用黏土等土地资源，并会排放大量的二氧化碳，据此可知水泥是一个能源消耗型、资源消耗型、环境负荷大的产品，但目前在工程上又不可或缺，没有合适的替代产品。因此，我们要加强创新意识，努力钻研，争取研制出水泥的替代产品，为祖国建材事业的高质量发展做出贡献。

2. 水泥的凝结硬化

水泥的凝结硬化过程实际就是水泥与水发生水化反应，水泥浆体由稀变稠，最终形成坚硬的水泥石的过程。

影响硅酸盐水泥凝结硬化的主要因素有以下几项：

1）水化速度和硬化速度：这与熟料矿物的成分、含量及各成分的特性有关。

2）温（湿）度的影响：保证湿度的前提下，温度越高，水化速度、硬化速度、强度增长越快。水泥石在完全干燥情况下，水化不能进行，硬化停止，强度不再增长，所以水泥在浇筑后要洒水养护（图 3-11）。温度低于 0℃ 时，水化基本停止，所以冬期施工时，要采取保温措施（图 3-12）。

图 3-11　洒水养护　　　　　　图 3-12　冬期施工保温措施

3）养护龄期的影响：随养护时间的延长，水泥的强度不断增长。水化反应速度是先快后慢，完成水泥水化、水解全过程需要几年甚至几十年的时间。一般水泥在 3~7d 内水化速度快，强度增长快，28d 可完成水化过程的基本部分，以后水化过程变得缓慢，强度增长也极为缓慢。

4）细度的影响：水泥细度越细，与水接触的面积越大，反应越快，水化就越彻底。

3. 水泥的性质

（1）化学指标

水泥的化学指标主要包括不溶物、烧失量、三氧化硫、氧化镁、氯离子等项目，不得超标，否则为不合格品。尤其是三氧化硫、氧化镁项目要严格控制，不允许超标，否则按废品处理。不同水泥的化学指标对比见表3-3。

表3-3 不同水泥的化学指标对比 （%）

品种	代号	不溶物含量（质量分数）	烧失量（质量分数）	三氧化硫含量（质量分数）	氧化镁含量（质量分数）	氯离子含量（质量分数）
硅酸盐水泥	P·Ⅰ	≤0.75	≤3.0	≤3.5	≤5.0	≤0.06
	P·Ⅱ	≤1.50	≤3.5			
普通硅酸盐水泥	P·O	—	≤5.0			
矿渣硅酸盐水泥	P·S·A	—	—	≤4.0	≤6.0	
	P·S·B	—	—		—	
火山灰质硅酸盐水泥	P·P	—	—	≤3.5	≤6.0	
粉煤灰硅酸盐水泥	P·F					
复合硅酸盐水泥	P·C	—	—			

（2）选择性指标

碱含量为水泥的选择性指标。当采用的集料（砂、石等颗粒）为活性集料时，水泥的碱含量不允许超过0.6%。

（3）物理指标

水泥的物理指标主要是细度、凝结时间、体积安定性、强度、水化热等。其中，凝结时间和体积安定性在检测时需要用标准稠度净浆，因此需要测定标准稠度时的用水量。

1）细度。水泥颗粒过粗，则反应慢，反应不彻底；过细，则反应过快容易产生干缩开裂，粉磨能耗大，成本也高，所以要合理控制细度。《通用硅酸盐水泥》（GB 175—2007）规定：硅酸盐水泥和普通硅酸盐水泥的细度用比表面积来表示，要求≥300m^2/kg。比表面积是指单位质量的水泥粉末所具有的表面积的总和，一般取317~350m^2/kg。比表面积足够大，颗粒才足够细。其他4种水泥的细度用筛余表示，即80μm方孔筛筛余百分率≤10%或45μm方孔筛筛余百分率≤30%。

水泥比表面积用勃氏法检测（图3-13），水泥筛余率用筛分法检测（图3-14）。

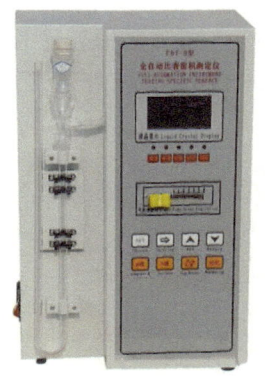

图3-13 水泥比表面积测定仪

图3-14 水泥细度负压筛析仪及负压筛

2）标准稠度用水量。标准稠度用水量是指水泥浆达到规定的稠度时的用水量。国家标准规定检验水泥的凝结时间和体积安定性时需用"标准稠度"的水泥净浆,采用水泥净浆搅拌机搅拌及试模成型(图 3-15 和图 3-16)。标准稠度是人为规定的稠度,其用水量采用维卡仪(图 3-17)测定,标准稠度一般用调整水量法和不变水量法测定。调整水量法是通过调整水的用量来达到标准稠度,即试杆沉入水泥净浆并距离底板(6±1)mm;不变水量法所用水量为 142.5mL,直接在标尺上读数。两者有矛盾时以前者为准。硅酸盐水泥的标准稠度用水量一般在 21%~28%。

图 3-15 水泥净浆搅拌机

图 3-16 试模成型

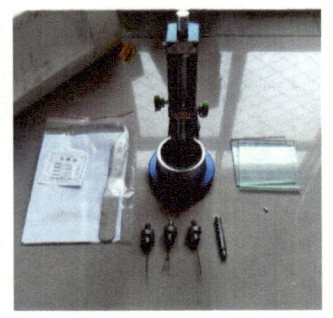
图 3-17 维卡仪

3)凝结时间。水泥从开始加水到失去流动性,即从液体状态发展到较致密固体状态的过程称为水泥的凝结。这个过程所需要时间称为凝结时间,分为初凝时间(开始失去流动性)和终凝时间(完全失去流动性)。凝结时间以标准稠度的水泥净浆,在规定温度及湿度环境下用维卡仪测定。

初凝时间不宜过早,以便有足够的时间进行搅拌、运输、浇筑、振捣等施工作业。如果初凝时间过早即为废品水泥,严禁在工程上使用。终凝时间不宜过迟,以便尽快进行下一道工序施工,以免拖延工期。《通用硅酸盐水泥》(GB 175—2007)规定,硅酸盐水泥的初凝时间不得早于 45min,终凝时间不得迟于 6.5h。

4)体积安定性。水泥浆体硬化后体积变化的均匀性称为水泥的体积安定性,即水泥石能保持一定形状,不开裂、不挠曲变形、不溃散的性质。安定性不良的水泥作废品处理,不得应用于工程中,否则将导致严重后果。导致水泥安定性不良的主要原因是由于熟料中的游离氧化钙、游离氧化镁或石膏掺入过多等造成的,其中游离氧化钙是最为常见、影响最严重的因素。标准规定,水泥的体积安定性用沸煮法检验。沸煮法包含雷氏法和试饼法,出现矛盾时,以前者为准。雷氏法用雷氏夹及膨胀测定仪进行检测(图 3-18);试饼法用玻璃片上涂抹水泥试饼进行检测(图 3-19),然后将带有水泥的雷氏夹或水泥试饼放在沸煮箱里沸煮(图 3-20),检测结果应符合规范要求。

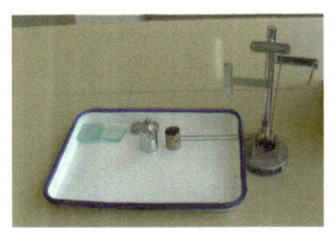
图 3-18 雷氏夹、膨胀测定仪

图 3-19 水泥试饼

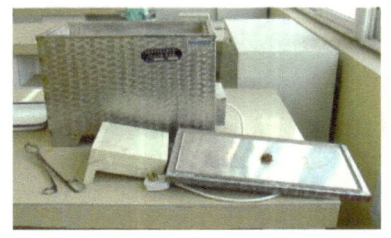
图 3-20 水泥安定性试验用沸煮箱

5)强度。水泥强度采用胶砂强度测定法(ISO 法)进行检测。水泥净浆硬化时收缩严重,不能做成大体积构件,必须掺加砂、石等抑制收缩。ISO 试验中的配合比为水泥:砂:水=1:3:0.5,每锅胶砂成型 3 条试件,需(450±2)g 水泥。按照《水泥胶砂强度检验方法(ISO 法)》(GB/T 17671—2021)制作水泥胶砂标准试件,尺寸为 40mm×40mm×160mm,在(20±1)℃的水中,测试养护 3d 和 28d 时的抗弯强度和抗压强度值划分等级,相关仪器如图 3-21 所示。硅酸盐水泥的强度等级划分为 6 个:42.5、42.5R、52.5、52.5R、62.5、62.5R;普通硅酸盐水泥的强度等级划分为 4 个:42.5、42.5R、52.5、52.5R;其他 4 种水泥的强度等级划分为 6 个:32.5、32.5R、42.5、42.5R、52.5、52.5R。其中"R"代表早强型。例如,42.5R 表示水泥养护 28d 的抗压强度不低于 42.5MPa,属早期强度较高的早强型水泥。

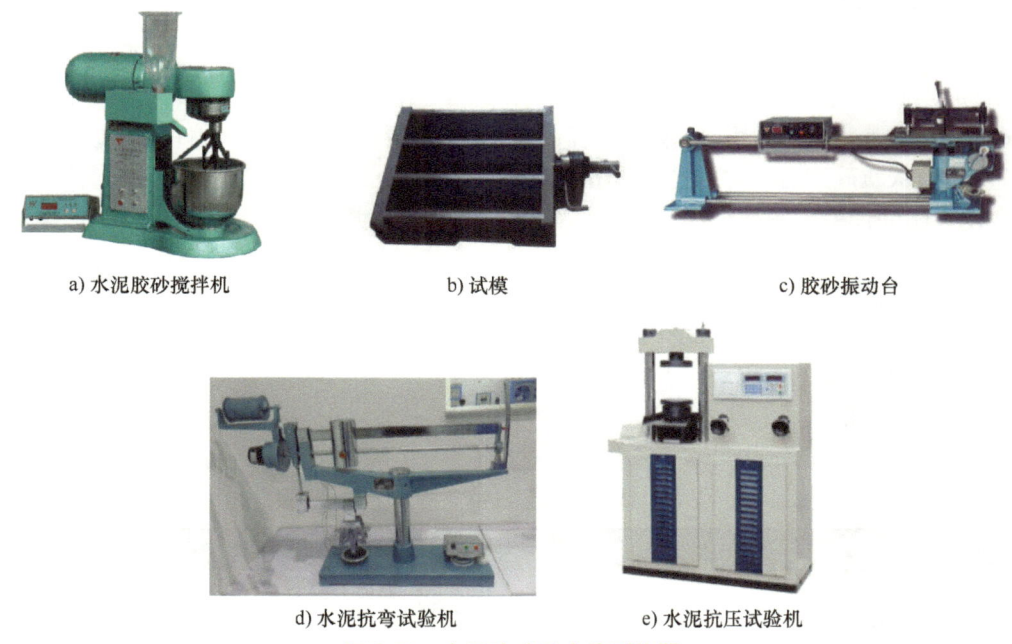

图 3-21 水泥胶砂强度检测仪器

6)水化热。水泥与水发生水化反应时放出的热量称为水化热。水化所放热量的大小及速度,取决于水泥熟料的矿物组成和细度,矿物越细,与水接触面越大,反应越快,水化越彻底,放出热量越快。水化热一般在水化初期(7d 内)放出,以后逐步减少。水化热大,对冬期施工有利,对水泥的正常凝结硬化和强度的发展有利;但对大体积混凝土工程不利,易使混凝土产生裂缝。如大型基础、大坝和桥墩等,由于混凝土表面散热很快,积聚在内部的水化热不易散出,使混凝土内部温度高达 50~60℃,内外温差引起的应力可使混凝土产生裂缝。因此,大体积混凝土工程应采用水化热较低的水泥,如矿渣硅酸盐水泥和火山灰质硅酸盐水泥。

三、水泥的特性及应用

1. 水泥的特性

1)硅酸盐水泥的特性和适用范围如下:

① 早期强度发展快,强度等级高,适用于快硬早强型工程(如冬期施工,预制、现浇等工程)、高强度混凝土工程(如预应力钢筋混凝土,大坝溢流面部位混凝土)。

② 水化热大,不宜用于大体积工程,如水坝;但有利于低温季节的蓄热法施工。

③ 抗冻性好,适用于严寒地区工程、水工混凝土和抗冻性要求高的工程。

④ 耐热性差,不宜用于高温工程。

⑤耐腐蚀性差，不宜用于软水工程，如海水或压力水环境。硅酸盐水泥腐蚀破坏的基本原因在于，水泥本身成分中存在着易引起腐蚀的氢氧化钙和水化铝酸钙。

⑥抗碳化性好、耐磨性好。

2）普通硅酸盐水泥的特性和适用范围与硅酸盐水泥类似，应用范围更加广泛。

3）矿渣硅酸盐水泥的特性和适用范围如下：

①早期强度低，后期强度高，对温度敏感，适宜于高温养护。

②水化热较低，放热速度慢。

③具有较好的耐热性能。

④具有较强的抗侵蚀、抗腐蚀能力。

⑤泌水性大，干缩较大。

⑥抗渗性差，抗冻性较差，抗碳化能力差。

矿渣硅酸盐水泥主要适用于大体积工程，配置耐热混凝土或蒸汽养护构件，配置建筑砂浆。

4）火山灰质硅酸盐水泥的特性和适用范围与矿渣硅酸盐水泥类似，但抗渗性好，抗碳化能力差，耐磨性差，主要适用于大体积工程、有抗渗要求的工程，配置蒸汽养护构件、配置建筑砂浆。

5）粉煤灰硅酸盐水泥的特性和适用范围与矿渣硅酸盐水泥类似，但是耐热性差，用水量少，干缩率较小，抗裂性好，主要适用于地上、地下、水中和大体积的混凝土工程。

2. 水泥的应用

通用硅酸盐水泥的选用见表3-4。

表3-4 通用硅酸盐水泥的选用

混凝土所处环境条件或工程特点		优先选用	可以使用	不得使用
环境条件	在普通气候环境中的混凝土	普通硅酸盐水泥	矿渣硅酸盐水泥、火山灰质硅酸盐水泥、粉煤灰硅酸盐水泥	—
	在干燥环境中的混凝土	普通硅酸盐水泥	矿渣硅酸盐水泥	火山灰质硅酸盐水泥、粉煤灰硅酸盐水泥
	在高湿度环境中或永远处在水下的混凝土	矿渣硅酸盐水泥	普通硅酸盐水泥、火山灰质硅酸盐水泥、粉煤灰硅酸盐水泥	—
	严寒地区的露天混凝土、寒冷地区的处在水位升降范围内的混凝土	普通硅酸盐水泥	矿渣硅酸盐水泥	火山灰质硅酸盐水泥、粉煤灰硅酸盐水泥
	严寒地区处在水位升降范围内的混凝土	普通硅酸盐水泥	—	火山灰质硅酸盐水泥、粉煤灰硅酸盐水泥、矿渣硅酸盐水泥
	受侵蚀性环境水或侵蚀性气体作用的混凝土	根据侵蚀性介质的种类、浓度等具体条件按专门（或设计）规定选用		
	厚大体积的混凝土	粉煤灰硅酸盐水泥、矿渣硅酸盐水泥	普通硅酸盐水泥、火山灰质硅酸盐水泥	硅酸盐水泥、快硬硅酸盐水泥

（续）

混凝土所处环境条件或工程特点		优先选用	可以使用	不得使用
工程特点	要求快硬的混凝土	快硬硅酸盐水泥、硅酸盐水泥	普通硅酸盐水泥	矿渣硅酸盐水泥、火山灰质硅酸盐水泥、粉煤灰硅酸盐水泥
	高强度（大于C60）的混凝土	硅酸盐水泥	普通硅酸盐水泥、矿渣硅酸盐水泥	火山灰质硅酸盐水泥、粉煤灰硅酸盐水泥
	有抗渗性要求的混凝土	普通硅酸盐水泥、火山灰质硅酸盐水泥	—	不宜使用矿渣硅酸盐水泥
	有耐磨性要求的混凝土	硅酸盐水泥、普通硅酸盐水泥	矿渣硅酸盐水泥	火山灰质硅酸盐水泥、粉煤灰硅酸盐水泥

课外篇：职业素养

许多工程事故案例的事故原因都是水泥选择和使用不当造成的，设计人员和施工人员在水泥种类的确定与核定、水泥强度等级的核定与检验，以及施工、验收等诸多环节中没有把好关，没有尽到对工程本身、社会、公众的责任。由此，我们可以联想到人民的生命财产安全与建设者、监管者的关系，所以一定要学好自己的专业技能，对自己的职业负责。

任务2　了解其他水泥

其他水泥

一、道路硅酸盐水泥

由适当成分的生料烧至部分熔融，所得到的以硅酸钙为主要成分，并且铁铝酸钙含量较多的硅酸盐水泥熟料，称为道路硅酸盐水泥熟料。以道路硅酸盐水泥熟料，0~10%活性混合材料和适量石膏经磨细制成的水硬性胶凝材料，称为道路硅酸盐水泥，简称道路水泥。

二、砌筑水泥

砌筑水泥的特点是强度低，和易性好。和易性是指混凝土拌合物易于施工操作（搅拌、运输、浇筑、捣实）并能获得质量均匀、成型密实的性能，又称为工作性。

三、白色硅酸盐水泥和彩色硅酸盐水泥

由白色硅酸盐水泥熟料加入适量石膏经磨细制成的水硬性胶凝材料，称为白色硅酸盐水泥（简称白水泥）。白色硅酸盐水泥中的"白色"是因为在配料和生产过程中严格控制着色氧化物（三氧化二铁、一氧化锰、三氧化二铬、二氧化钛等）的含量，经磨细、漂白处理后呈白色。白水泥分为32.5、42.5、52.5、62.5四个强度等级。

彩色硅酸盐水泥是用白水泥熟料，适量石膏和耐碱矿物颜料共同磨细制成的；或在白水泥生料中加入适量的金属氧化物作为着色剂，在一定的燃烧气氛中直接烧成彩色硅酸盐水泥熟料。常用的着色剂有氧化铁（红、黄、褐、黑色）、氧化锰（褐、黑色）、氧化铬（绿色）、群青（蓝色）和赭石（赭色）等。

白水泥和彩色硅酸盐水泥广泛地应用于建筑装饰装修中，如制作彩色水磨石、饰面砖、锦砖、玻璃马赛克以及制作水刷石、斩假石、水泥花砖等。

四、低热矿渣硅酸盐水泥

由适当成分的硅酸盐水泥熟料，加入适量矿渣、石膏，经磨细制成的具有低水化热特性的水硬性胶凝材料，称为低热矿渣硅酸盐水泥，简称低热矿渣水泥。其中，矿渣的掺量按质量计为20%~60%，允许用不超过混合材料总量50%的磷渣或粉煤灰代替部分矿渣。

五、快凝快硬硅酸盐水泥

以硅酸盐水泥熟料和适量石膏经磨细制成的，以3d甚至更短时间的抗压强度表示强度等级的水硬性胶凝材料称为快凝快硬硅酸盐水泥（简称快硬水泥）。快硬水泥一般用于紧急抢修工程，10min初凝，1h就能终凝，4h就能达到强度要求。

六、膨胀水泥

由硅酸盐水泥熟料与适量石膏和膨胀剂共同磨细制成的水硬性胶凝材料，称为膨胀水泥。膨胀水泥按水泥的主要成分不同，分为硅酸盐、铝酸盐和硫铝酸盐型膨胀水泥；按水泥的膨胀值及其用途不同，又分为收缩补偿水泥和自应力水泥两大类。例如，明矾石膨胀水泥可解决缝隙问题，可用于后浇带施工。

七、铝酸盐水泥

铝酸盐水泥是以石灰岩和矾土为主要原料，配制成适当成分的生料，烧至全部或部分熔融后得到以铝酸钙为主要矿物的熟料，再经磨细后制成的水硬性胶凝材料，代号为CA。

铝酸盐水泥的性能与应用：

1）早期强度很高，故适用于工期紧急的工程，如国防、道路和紧急抢修工程。
2）抗渗性、抗冻性好。铝酸盐水泥拌和用水量少，水泥石孔隙率很小。
3）抗腐蚀性好。铝酸盐水泥中不含有氢氧化钙，且氢氧化铝凝胶包裹其他水化产物，水泥石孔隙率很小，适合抗硫酸盐腐蚀工程。
4）水化放热极快且放热量很大，不得应用于大体积混凝土工程。
5）耐热性好，高温下产生烧结作用，具有良好的耐高温性能，还有较高的强度。
6）长期强度降低较大，不适合用于长期承载的结构中。
7）高温或高湿度条件下强度显著降低，不宜在高温或高湿环境中使用。

任务3　学习水泥的验收、检验与储存

一、水泥的验收

水泥经过采购、进场、施工单位自检和复试（监理人员见证取样）后，施工单位向监理工程师报验，合格后入库，不合格的退场。合格品向监理报验使用、入库、储存及保管，过了一定期限应复检。水泥的验收应注意以下几点：

1）核对合格证，检查合格证填写是否齐全，各项指标是否合格。
2）水泥的品种、强度等级和数量是否与销售合同一致。
3）取样时同时检查水泥的外观质量，包括：
① 从水泥的颜色来鉴别水泥的品种。
② 从水泥袋的外包装来鉴别水泥的品种、等级。
4）水泥数量的检验。一般袋装水泥每袋净重50kg，且不得少于标志质量的99%；随机抽取20袋，总质量不得少于1000kg。

5）取样的时候还要注意查看水泥有无受潮结块现象（此现象刚进场的时候很少见，在工地放置一定时间后才可能有这个现象）。

6）水泥质量评定：水泥验收应以同一水泥厂、同品种、同强度等级以及同一出厂日期的水泥按 200t 为一验收批。常规检验项目包括细度、用水量、凝结时间、体积安定性、抗弯强度和抗压强度。

二、实验室自检结果判定

1）不合格水泥的评定：凡细度、终凝时间、不溶物和烧失量以及混合材料掺加量有一项不符合标准，或强度低于标称强度等级，水泥包装袋上没有标示品种、强度等级、出厂单位或出厂编号时，都作为不合格品处理。

2）废品的评定：氧化镁含量、三氧化硫含量、初凝时间和体积安定性四项指标非常重要，其中一项不达标就作为废品处理。

三、水泥的储存

1. 库内储存（图 3-22）

水泥库内储存的要点如下：

1）分别储存，严禁混杂。按不同的品种、强度等级、出厂编号和进场时间分别堆放。

2）施工中不能随意换用品种或混合使用。

3）防潮，保持空气流动。库房内地面地势要高，有防潮措施。库房内应保持干燥，垛高不超过 10 袋，距离四周墙壁一般为 30cm，各垛之间留有宽度不小于 70cm 的通道便于通风。

4）坚持先到先用的原则。

2. 露天堆放（图 3-23）

应尽量避免露天堆放袋装水泥，必需露天堆放时，应该选择地势较高、夯实平整的地面，下垫上盖，水泥堆放应整齐，要做好防潮工作，避免水泥结块。

图 3-22　库内储存

图 3-23　露天堆放

3. 储存期限

水泥受潮是指水泥中的活性矿物与空气中的水分和二氧化碳发生水化反应，使水泥变质，也称风化。水泥受潮后，会导致凝结迟缓，强度也逐渐降低，影响使用。水泥受潮后应将粉块捏碎，硬块筛除，按实测强度使用。

一般储存 3 个月以上的水泥，强度会降低 10%~20%，储存 6 个月后强度降低 15%~

30%，储存一年后强度降低 25%~40%。

存放期超过 3 个月的通用水泥和超过 1 个月的快硬水泥，使用前必须复验其强度和安定性，并按复验结果使用。立窑水泥（小水泥厂质量不稳定）及安定性不合格的水泥严禁使用。

任务 4　进行水泥的检测

一、取样

水泥检测应按照同一生产厂家、同一等级、同一品种、同一批号且连续进场的水泥，袋装不超过 200t 为一检验批，散装不超过 500t 为一检验批，每检验批抽样不少于一次。取样应具有代表性，既可以连续取样，也可以从 20 个以上的不同部位抽取等量样品，总量至少 12kg。

二、细度检测

1. 主要设备仪器

负压筛析仪和天平。

2. 检测步骤

1）筛析试验前，把负压筛放到筛座上，盖上筛盖，接通电源，检查控制系统，调节负压至 4000~6000Pa 范围内。

2）称取试样 25g，放入负压筛中，盖上筛盖，开动筛析仪连续筛析 2min。在此期间如有试样附着在筛盖上，可轻轻敲击，使试样落下；筛毕，用天平称量筛余物。

3. 结果计算

水泥试样筛余百分数按下式计算：

$$F = \frac{m_a}{m} \times 100\%$$

式中　F——水泥试样的筛余百分数（%）；

　　　m_a——水泥筛余物的质量（g）；

　　　m——水泥试样的质量（g）。

计算结果准确到 0.1%。

三、标准稠度用水量检测

1. 主要仪器设备

水泥净浆搅拌机、维卡仪、量筒、天平、试模。

水泥标准稠度用水量实验：代用法

2. 检测步骤

1）试验前先将水泥净浆搅拌机的搅拌锅和叶片用湿布擦净，然后将拌和水（用量筒首次量 142.5mL）倒入搅拌锅内，并在 5~10s 内将称好的 500g 水泥（用天平称取）加入水中。

2）起动搅拌机，先低速搅拌 120s，停 15s；再高速搅拌 120s，停机。

3）拌和结束后，立即取适量水泥净浆一次性装入玻璃底板的试模中，用小刀插捣试模内的浆体并轻轻振动数次，使其排除浆体中的孔隙，再将上表面多余的净浆去掉，刮平，使其表面光滑。然后迅速将试模和底板移到维卡仪上，并将中心定在试杆下，降低试杆直至与水泥净浆表面接触，拧紧螺钉 1~2s 后突然放下，使试杆垂直沉入浆中。在试杆停止时记录试杆距底板之间的距离，之后升起试杆，立即擦净仪器。

3. 检测结果

以试杆沉入净浆并距底板（6±1）mm 的水泥净浆为标准稠度净浆，其拌和用水量为水泥的标准稠度用水量，按水泥质量的百分比计算。

四、水泥凝结时间检测

1. 主要仪器设备

凝结时间测定仪、量筒、天平、标准养护箱。

2. 检测步骤

1）试件制备。用上述标准稠度用水量检测的方法制备标准稠度净浆试件，然后放入标准养护箱内，并记录开始加水的时间作为凝结时间的起始时间。

2）初凝时间测定。养护至加水后 30min 时进行第一次测定。测定时，从养护箱内取出试模放到试针下，使试针与净浆面接触，拧紧螺钉 1~2s 后突然放松，试针垂直沉入净浆，观察试针停止下沉时的指针读数。当试针沉至距底板 3~5mm 时，即为水泥的初凝状态。

3）终凝时间测定。在完成初凝时间测定后，将试模连同浆体从玻璃板上平移取下，再倒扣在玻璃板上，然后放入养护箱内继续养护，临近终凝时每隔 15min 测定一次，并同时记录测定时间。

3. 检测结果

1）初凝时间确定：当试针沉至距底板（4±1）mm 时，为初凝状态。从水泥加水至初凝状态的时间为初凝时间，用"min"表示。

2）终凝时间确定：当试针沉入试体 0.5mm 时，为终凝状态。从水泥加水至终凝状态的时间为终凝时间，用"h"表示。

五、水泥安定性检测

1. 主要仪器设备

雷氏夹、雷氏夹膨胀值测量仪、水泥净浆搅拌机、沸煮箱、标准养护箱。

2. 检测步骤

（1）雷氏法

1）将雷氏夹放在已涂有矿物油的玻璃板上，将已制好的标准稠度净浆一次性装满试模，并用小刀在浆体表面轻轻插捣数次后抹平，上面盖上涂有矿物油的玻璃板，然后立即放入标准养护箱内养护（24±2）h。

2）调整好沸煮箱的水位，既要保证在整个沸煮过程中水都超过试件，同时又保证能在（30±5）min 内加热至沸腾。

3）脱去玻璃板取下试件，测量雷氏夹指针尖端之间的距离（A），精确到 0.5mm；接着将试件放入水中的试件架上，指针朝上，试件之间互不交叉，然后在（30±5）min 内加热至沸腾并保持恒沸 3h±5min。

4）沸煮结束后，立即放掉沸煮箱中的热水，冷却至室温，取出试件，测量雷氏夹指针尖端之间的距离（C），精确到 0.5mm。

（2）试饼法

1）将制好的净浆取出一部分分成两等份，呈球形，放在预先准备好的玻璃板上，轻轻振动玻璃板并用经湿布擦过的小刀由边缘向中间抹动，将球形净浆做成直径 70~80mm、中心厚约 10mm、边缘渐薄、表面光滑的试饼，然后将试饼放入标准养护箱内养护（24±2）h。

2) 脱去玻璃板取下试件,先检查试饼是否完整(确保无开裂、翘曲),在无缺陷的情况下将试饼放入沸煮箱内,然后在(30±5)min 内加热至沸腾并保持恒沸 3h±5min。

3) 沸煮结束后,立即放掉沸煮箱中的热水,冷却至室温,取出试饼进行观察、测量。

3. 检测结果

1) 雷氏法。测量雷氏夹指针尖端之间的距离,记录至小数点后一位。当两个试件沸煮后增加距离($C-A$)的平均值不大于 5.0mm 时,即认为该水泥安定性合格;当两个试件沸煮后增加距离($C-A$)的平均值大于 5.0mm 时,应用同一样品立即重做检测,以复检结果为准。

2) 试饼法。目测未发现裂缝,用直尺检查也没有弯曲为合格;反之为不合格。当两个试饼之间判别有矛盾时,为不合格。

六、水泥胶砂强度检测

1. 主要仪器设备

胶砂搅拌机、试模、振动台、标准养护箱、抗弯强度试验机、抗压强度试验机、抗压夹具。

2. 检测步骤

1) 配合比。胶砂的质量配合比应为水泥:标准砂:水 = 1:3:0.5,一锅胶砂成型 3 个试件,需要水泥试样(450±2)g,标准砂(1350±5)g,水(225±1)g。

2) 搅拌。把水加入锅内,再加入水泥,把锅放在固定架上上升至固定位置后开动搅拌机;低速搅拌 30s 后,在第二个 30s 开始的同时均匀地将砂加入;然后把搅拌机调到高速再搅拌 30s;停拌 90s,在停拌开始的第一个 15s 内,用橡胶刮具将叶片和锅壁上的胶砂刮入锅中;再高速搅拌 60s。

3) 成型。胶砂制备后立即进行成型。将空试模和模套固定在振动台上,然后将胶砂分两次装入试模。装第一层时,每个槽内约放 300g 胶砂,振实 60 次;再装入第二层胶砂,再振实 60 次。然后从振动台上取下试模,将金属刮平尺以近似 90°的角度架在试模顶的一端,然后沿试模长度方向以横向锯割动作慢慢向另一端移动,一次性将超过试模部分的胶砂刮去,并用同一刮平尺以近似水平的情况下将试体表面抹平。最后在试模上做标记,加上字条标明试件的编号和试件相对于振动台的位置。

4) 养护。将标记好的试模放入标准养护箱内养护至规定时间后拆模,对于 24h 龄期的试件,应在试验前 20min 内脱模,并用湿布覆盖至试验开始;对于 24h 以上龄期的试件,应在成型后 20~24h 内脱模,并应放在相对湿度大于 90% 的标准养护室或水中养护,温度为(20±1)℃。

5) 试验

① 抗弯强度试验:将试件的一个侧面放在试验机的支撑圆柱上,试体长轴垂直于支撑圆柱,通过加荷载,圆柱以(50±10)N/s 的速率均匀地将荷载垂直加在棱柱体的相对侧面上,直至折断。保持两个半截棱柱体处于潮湿状态直至进行抗压强度试验。

② 抗压强度试验:试验应在半截棱柱体的侧面上进行,半截棱柱体中心与压力机压板受压中心的距离偏差应在±0.5mm 内,棱柱体露在压板外的部分约有 10mm。在整个加载过程中以(2400±200)N/s 的速率均匀地加载直至破坏。

3. 检测结果

1) 抗弯强度计算式:

$$f_{ce,f} = 1.5 F_f L/b^3$$

式中　F_f——折断时施加于棱柱体中部的荷载（N）；

　　　L——支撑圆柱之间的距离（100mm）；

　　　b——棱柱体正方形截面的边长（mm）。

以一组三个棱柱体抗弯强度的平均值作为检测结果，当三个强度值中有一个超出平均值±10%时，应剔除后再取平均值作为抗弯强度检测结果。

2）抗压强度计算式：

$$f_{ce} = F_c/A$$

式中　F_c——破坏时的最大荷载（N）；

　　　A——受压部分面积（mm^2，$40mm \times 40mm = 1600mm^2$）。

以一组三个棱柱体上得到的 6 个抗压强度的算术平均值作为检测结果，如 6 个测定值中有一个超出平均值的±10%，应剔除这个数值，以剩下 5 个的平均值作为检测结果。如果 5 个测定值中，还有超过这 5 个测定值的平均值±10%的数据，则此组结果作废。

最终，水泥检测报告见表 3-5。

表 3-5　水泥检测报告

委托单位：×× 　　　　　　　　　　　　　　　　　　　　　　　统一编号：××

工程名称	××		委托日期	2023.01.15
使用部位	同步注浆		报告日期	2023.01.19
水泥品种及强度等级	普通硅酸盐水泥，P·O，42.5 级		代表批量	14t
生产厂家及批号	×××水泥		检测类别	委托检测
样品状态	色泽均匀，粉状无结块			
检测项目	标准要求	实测结果	检测项目	标准要求	实测结果
标准稠度用水量	试杆下沉距底板（6±1）mm	28.0%	安定性	无弯曲、无裂缝	无弯曲、无裂缝
初凝时间	≥45min	153min	终凝时间	≤600min	245min

强度	抗弯强度/MPa		抗压强度/MPa	
龄期	3d	28d	3d	28d
标准要求	≥3.5	≥6.5	≥17.0	≥42.5
单块强度实测值	5.3	—	30.6　29.5	
	5.4	—	29.3　30.1	
	5.2	—	28.9　30.5	
强度代表值	5.3	—	29.8	—
依据标准	《通用硅酸盐水泥》（GB 175—2007）			
检测结论	该送检样品经检验，所检指标符合标准要求。			
备注	最终正式报告结果以 28d 为准（袋装） 见证单位：×× 见证人：××　　　　　　　　　　　取样人：××			

（续）

声明	1. 本检测报告无检验检测专用章和计量认证专用章的为无效；无批准、审核、检测人员签字的为无效。 2. 本检测报告结论不含无标准要求的实测结果，该数据仅供委托方参考。 3. 若有异议或需要说明之处，请于出具报告之日起 15 日内书面提出，逾期不予受理。 4. 未经本检验检测机构书面批准，不得复制该报告。 5. 地址：×××　　电话：×××　　邮政编码：×××

检测单位：×××建筑工程检测公司　　　批准：　　　　　审核：　　　　　检测：

课外篇：科学求实

在进行水泥的相关检测时，要以科学求实的态度进行水泥基本性能的检测，技术指标应按照标准执行，应严格按照标准、规范操作，养成良好的职业素养，在检测过程中绝对不能弄虚作假。作为建筑工程的主要材料之一，水泥的质量对建筑的质量影响很大，水泥的检测水平越高，建筑质量就越有保障；检测结果如果出现偏差，水泥质量得不到保障，建筑工程就会埋下安全隐患，不仅会影响建筑企业的形象，还会给社会经济的发展造成影响，甚至发生严重的质量安全事故。

项目 4 普通混凝土

典型工作任务：

【典型任务 1】

某建筑设计有限公司设计的某办公大厦结构施工图纸的结构设计总说明中对材料的要求摘录如下：

1. 混凝土强度等级要求：

混凝土所在部位	混凝土强度等级		备注
	墙、柱	梁、板	
基础垫层	—	C15	—
基础底板	—	C30	抗渗等级为 P8
地下一层~地上二层楼面	C30	C30	地下一层外墙混凝土抗渗等级为 P8
三层~屋面	C25	C25	—
其余各结构构件	C25	C25	—

2. 地下室底板及外墙和水池混凝土应采用防水混凝土，设计抗渗等级不低于 P8，坍落度>14cm。建议地下室采用 HEA 型防水外加剂，掺量为水泥用量的 8%（基础加强带为 12%）。外加剂供应方应提供详细的试验数据，试验数据必须符合规范对外加剂的要求。供应方还应提供详细的施工方案和施工要求，保证外加剂的正确使用。

3. 混凝土耐久性规定：

环境类别		部位	最大水灰比	最小水泥用量/(kN/m^3)	最大氯离子含量（%）	最大碱含量/(kN/m^3)
一		地面以上各结构构件	0.65	225	1.0	不限制
二	b	地面以下与水或土直接接触的结构构件	0.55	275	0.2	3.0

4. 基础底板及地下外墙均掺磨细粉煤灰，用量为 70kg/m^3，质量等级应为一级。

图纸中对基础垫层、基础底板、梁、板、柱等混凝土的要求具有什么含义？混凝土应具有什么样的性能和特点呢？

【典型任务2】

某建筑设计有限公司设计的城中村改造工程住宅楼图纸的结构设计总说明中对材料的要求摘录如下：

> 1. 混凝土（应采用预拌混凝土）强度等级
> 1）抗震墙混凝土强度等级在标高14.390m以下为C35，其余均为C30。
> 2）基础混凝土强度等级为C30。
> 3）梁（除连梁外）、楼板混凝土强度等级均为C30；楼梯均为C30。
> 4）基础、防水底板、与土接触的地下室外墙（包括与外墙相连的柱）、与土接触的地下层顶部梁板采用密实防水混凝土，抗渗等级为P6。人防区域顶部梁板及外墙采用密实防水混凝土，抗渗等级为P6。防水混凝土的施工配合比应通过试验确定，试配混凝土的抗渗等级应比设计要求提高0.2MPa。
> 5）基础垫层混凝土强度等级为C15。构造柱、圈梁、过梁、系梁等混凝土强度等级为C25。
> 6）后浇带采用高一强度等级的无收缩混凝土。
> 7）装饰龙骨支架应支撑在楼层梁处（剪力墙墙面除外）。
>
> 2. 混凝土外加剂
> 1）外加剂的选择与使用应满足《混凝土外加剂应用技术规范》（GB 50119—2013）要求。选择各类外加剂时，应特别注意外加剂的使用范围，应考虑外加剂对混凝土后期收缩的影响，尽量选择对混凝土后期收缩影响小的外加剂。
> 2）各类外加剂应有厂商提供的以下信息：推荐掺量与相应的减水率、主要成分的化学名称、氯离子含量、碱含量，以及施工中必要的注意事项。氯化钙不能作为混凝土的外加剂使用。
> 3）补偿收缩混凝土采用的外加剂应为A级或一级品，使用时应有专业技术支持。
> 4）由于本工程地下室长度超长，故地下室梁、板、外墙、基础（含防水板）所使用的混凝土均应掺加高效防水抗裂、补偿收缩型外加剂及抗裂纤维。

图纸中混凝土的各种名词术语的含义是什么？应具有什么样的性能和特点？

【典型任务3】

各类施工资料中，与混凝土施工、检测有关的表格见表4-1~表4-3。

表4-1 混凝土浇筑申请书

工程名称：			施工单位：					编号：		
申请浇筑时间：						申请浇筑混凝土的部位：				
混凝土强度等级：						混凝土配合比单编号：				
材料种类	水泥	水	砂	石			外加剂		掺加料	
总用量	kg	kg	kg	kg			kg	kg	kg	kg
每盘用量	kg	kg	kg	kg			kg	kg	kg	kg
准备工作情况										

（续）

施工单位意见	项目经理： 年　月　日
监理（建设）单位意见	总/专业监理工程师： 年　月　日

表 4-2　混凝土施工检验批质量验收记录

工程名称			分项工程名称			验收部位	
施工单位						项目经理	
施工执行标准名称及编号						专业工长	
分包单位			分包项目经理			施工班组长	
检控项目	序号	质量验收规范的规定			施工单位检查评定记录	监理（建设）单位验收记录	
主控项目	1	混凝土试件的取样与留置规定		×××条			
	2	抗渗混凝土试件的留置		×××条			
	3	混凝土原材料每盘称量偏差		×××条			
	4	水泥、掺和料		±2%			
	5	粗、细集料		±3%			
	6	水、外加剂		±2%			
	7	混凝土运输、浇筑及间歇的全部时间		×××条			
一般项目	1	施工缝的位置与处理		×××条			
	2	后浇带的留置位置和浇筑		×××条			
	3	混凝土养护措施		×××条			
施工单位检查评定结果	项目专业质量检查员： 年　月　日						
监理（建设）单位验收结论	监理工程师： （建设单位项目专业技术负责人） 年　月　日						

表 4-3 混凝土坍落度检查记录

工程名称：		施工单位：		编号：
混凝土强度等级			搅拌方式	
时间 （××年××月××日××时）	施工部位	要求坍落度	实测坍落度	备注
签字栏	项目技术负责人：			试验员：

混凝土如何进行见证取样？应检测哪些项目？如何检测？如何判断混凝土的性能和质量是否达到图纸的要求？

典型任务目标：

根据典型工作任务，确定学习任务。确定需要达到的任务目标如下：
1. 掌握混凝土各组成材料的各项技术要求。
2. 掌握混凝土的技术性能及检验方法。
3. 了解混凝土配合比设计的思路、配合比报告。
4. 了解轻混凝土及其他混凝土的特点与应用。
5. 能正确使用检测仪器对混凝土用砂（石）级配、混凝土拌合物的和易性、混凝土强度进行检测，并依据国家标准进行评价。
6. 会正确识读混凝土用砂（石）、混凝土强度质量检测报告。
7. 提高互助协作意识，小组内分工合作进行砂（石）和混凝土的检测。
8. 克服困难、循序渐进，逐步掌握混凝土知识和工作技能，提高学习的自信心。

课外篇：创新发展

混凝土是基础设施和工程建设最大宗使用的材料，是建材工业重要组成部分。我国混凝土制品产业在近年获得了长足的发展，为我国高铁、桥梁、水利、电力、城市基础设施、装配式建筑、城市管廊、海绵城市等建设提供了强有力的保供，更是为港珠澳大桥、大兴机场、金沙江乌东德水电站等所有的国家重点工程提供了高质量的建设材料支持。

据不完全统计，仅 2021 年一年混凝土在国内大型重点工程中就创造了无数纪录：累计浇筑 119 万 m^3 混凝土，最高坝段 6 号坝段浇筑至高程 871m 的金沙江乌东德水电站全部机组投产发电举世瞩目；杨房沟水电站大坝混凝土取芯刷新世界纪录；中国首座运用 3D 打印技术制造的可伸缩景观人行桥亮相上海；西藏最大航站楼竣工，高强度自密实混凝土首次成功应用；广西首条地铁工程中亚洲最大跨度纯混凝土连续梁合龙等。

可以预测，将有越来越多的工程应用品性优异的混凝土。因此，我们要打好基础，创新思维，争取开发品性优质、绿色环保的高性能混凝土。

学习任务：

混凝土，简称"砼"（tóng），是由胶凝材料、集料（也称骨料）和水，必要时加入外加剂和掺合料按适当比例配制，经均匀搅拌、密实成型、养护硬化而成的人工建材。

自 1849 年法国人朗波首次使用混凝土结构以来，经过一百多年的发展，混凝土已经成为现代土木工程中用量最大、用途最广的建筑材料，广泛应用于工业与民用建筑、铁路、公路、桥梁隧道、水工结构及海港、军事等土木工程。混凝土按照胶凝材料的种类可分为：

1）无机胶凝材料混凝土，如水泥混凝土、石膏混凝土或水玻璃混凝土等，如图 4-1 所示。

a) 水泥混凝土　　　　　b) 石膏混凝土　　　　　c) 水玻璃混凝土

图 4-1　无机胶凝材料混凝土

2）有机胶凝材料混凝土，如沥青混凝土、聚合物混凝土或树脂混凝土等，如图 4-2 所示。

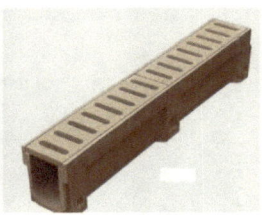

a) 沥青混凝土　　　　　b) 聚合物混凝土　　　　　c) 树脂混凝土

图 4-2　有机胶凝材料混凝土

通常讲的混凝土一词是指水泥混凝土，其他种类混凝土都要说明胶凝材料。

1. 混凝土的优（缺）点

（1）优点

1）原料丰富，可就地取材，价格低廉，可充分利用粉煤灰、矿渣、硅灰等工业废料。

2）可塑性好，可满足形状、尺寸要求，与钢筋黏结牢固。

3）抗压强度高，耐久性好，强度等级范围宽。

4）施工方便，适用范围广，维修费用低。

（2）缺点

自重大；抗拉强度低，变形能力小，性脆，一拉就裂；养护时间长，破损后不易修复，施工质量波动较大。

2. 分类

1）按照表观密度的大小不同，混凝土可分为重混凝土、普通混凝土和轻混凝土。重混凝土如重晶石混凝土或钢屑混凝土等，它们具有不透 X 射线和 γ 射线的性能。普通混凝土是指干表观密度为 2000～2800kg/m³ 的水泥混凝土，集料为普通砂、石。轻混凝土干表观密度小于 1950kg/m³，有三类：轻集料混凝土、多孔混凝土和大孔混凝土。

2）按用途不同，混凝土分为结构混凝土、保温混凝土、装饰混凝土、防水混凝土、耐火混凝土、水工混凝土、海工混凝土、道路混凝土和防辐射混凝土等。

3）按施工方法不同，混凝土分为泵送混凝土、喷射混凝土、离心混凝土、压力灌浆混凝土、碾压混凝土、挤压混凝土和真空混凝土等，如图 4-3~图 4-6 所示。

图 4-3　泵送混凝土

图 4-4　喷射混凝土

图 4-5　离心混凝土　　　　　　　　　图 4-6　碾压混凝土

4) 按配筋方式不同，混凝土分为素（即无筋）混凝土、钢筋混凝土、钢丝网水泥混凝土、纤维混凝土（图 4-7）和预应力混凝土等。

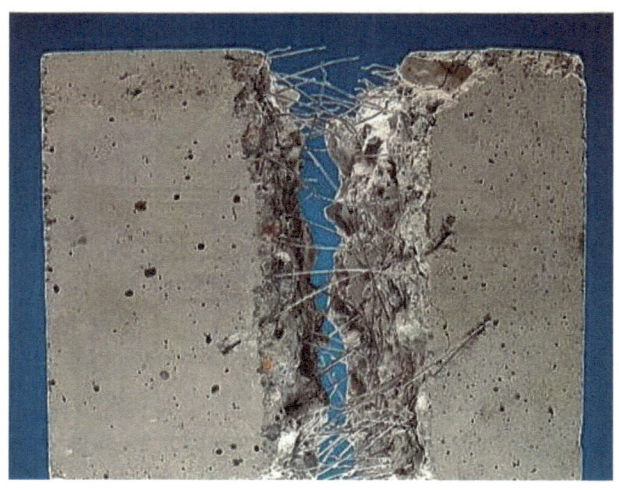

图 4-7　纤维混凝土

课外篇：质量意识

质量是企业的生命，建筑质量是对工程的安全、适用、经济、环保、美观等特性的综合要求，其中的重点是对构件的安全要求，混凝土作为应用十分广泛的结构材料，质量要求尤为重要。混凝土的施工工艺多种多样，同学们务必要掌握原材料质量检验、施工工艺的要点，确保建筑的质量。

我们作为建设者，一定要建优质工程，惠国计民生。

任务1 学习普通混凝土的组成材料

普通混凝土由水泥、砂、石子及水组成，必要时可加入外加剂和矿物掺和料。各种组成材料所占比例不同，作用不同。水泥和水形成的水泥浆占30%左右，作用是包裹砂、石并填充其空隙，赋予混凝土流动性；同时，润滑集料，通过凝结硬化把各种材料胶凝成一个整体，并产生强度。粗、细集料占70%左右，作用是形成骨架，抑制干缩裂缝，提高耐磨性。各种材料的要求如下：

一、水泥

1. 选用原则

应根据工程特点（部位）、环境、设计和施工的要求，结合水泥的特点和适用范围，选择适宜的品种。

2. 强度等级

水泥强度等级的选择应与混凝土的设计强度等级相适应。一般情况下，水泥的强度等级=1.5×混凝土强度等级；C60及以上的高强度混凝土，水泥强度等级一般取0.9倍的混凝土强度等级。

二、细集料

根据《普通混凝土用砂、石质量及检验方法标准》（JGJ 52—2006），公称粒径大于5mm的为粗集料，采用石子；粒径小于5mm的为细集料，采用砂。砂筛应采用方孔筛，公称粒径大于5mm的，方孔筛筛孔边长为4.75mm。《建设用砂》（GB/T 14684—2022）中是以4.75mm为界限，分析粒径时所用筛为圆孔筛。

1. 分类

砂分为天然砂和人工砂，如图4-8所示。

a) 天然砂　　　　　　　　　　　b) 人工砂

图4-8 天然砂和人工砂

1) 天然砂是指自然生成的，经人工开采和筛分的粒径小于5mm的岩石颗粒。按产源分为河砂、湖砂、淡化海砂、山砂，前三种接近圆粒，流动性好。

2）人工砂包括机制砂、混合砂，生产成本偏高。

2. 物理性质

1）砂的表观密度大于 2500kg/m³，松散堆积密度大于 1350kg/m³，空隙率小于 47%。

2）随着含水率的增加，砂的体积先增大后减小（先膨胀后回缩）。

实验室给出的配合比中，砂的用量是按烘干状态计算的，施工时要换算成施工配合比。

3. 技术要求

砂按技术要求分为Ⅰ类、Ⅱ类和Ⅲ类。其中，Ⅰ类宜用于强度等级大于 C60 的混凝土；Ⅱ类宜用于强度等级在 C30～C60 范围内及有抗冻、抗渗或其他要求的混凝土；Ⅲ类要求较低，宜用于强度等级小于 C30 的混凝土和砂浆。

（1）颗粒级配与粗细程度

1）颗粒级配是指各种粒径在集料中所占的比例。砂的级配好，颗粒大小搭配得好，空隙率小，这样填充空隙所用的水泥浆就少，形成的骨架就密实，可节省水泥，如图 4-9 所示。

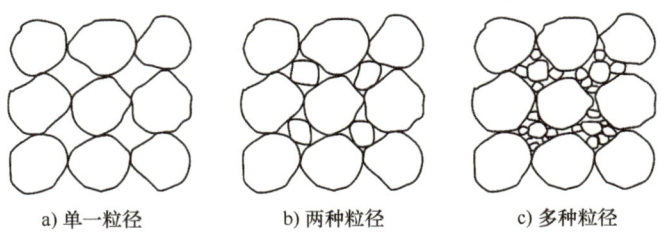

图 4-9　集料颗粒级配示意

2）粗细程度是指不同粒径的砂粒混合在一起总体的粗细程度。砂的粗细程度影响单位质量砂的总表面积。粗细程度最好的是Ⅱ类砂——中砂，粗细程度适宜，总表面积较小，包裹颗粒所用的水泥浆少，较经济。

3）表示方法：砂按细度模数分为粗、中、细三种规格，细度模数在 1.6～2.2 是细砂，在 2.3～3.0 是中砂，在 3.1～3.7 是粗砂。

颗粒级配用级配区或级配曲线表示，见表 4-4，处在国家标准给定的任何一个区域内（1 区、2 区或 3 区）都是级配合格的砂。处在 2 区的中砂粗细适宜，性能良好，只有 2 区砂才能成为Ⅰ类砂。配制混凝土时，宜优先选用 2 区砂；采用 1 区砂时，应提高砂率，并保持足够的水泥用量；采用 3 区砂时，宜适当降低砂率。泵送混凝土，宜采用中砂。

4）判断过程：称取 500g 烘干砂进行筛分析试验，如图 4-10 所示，筛分析试验分析见表 4-5。

① 首先计算分计筛余率：

$$\alpha = (筛余质量 \div 500) \times 100\%$$

再计算累计筛余率 A（本筛上的所有 α 相加）。

② 计算并判断粗细：

$$M_x = \frac{A_2 + A_3 + A_4 + A_5 + A_6 - 5A_1}{100 - A_1}$$

如果 $M_x = 2.56$，在 2.3～3.0 的区间，则属于中砂。

③ 判断级配，根据表 4-4 查看 A_4 属于哪个级配区。如果 $A_4 = 56\%$，则在 2 区。再将 $A_1 \sim A_6$ 与该区的范围对比，如全在其中，结论为级配良好。如果稍有超出，例如 $A_5 = 96\%$，

也算级配合格，只要累计筛余率 A 的总体偏差不超过5%即可。

表 4-4　普通混凝土用砂级配区的规定

砂的分类	天然砂			机制砂、混合砂		
级配区	1区	2区	3区	1区	2区	3区
方筛孔尺寸/mm	累计筛余（%）					
4.75	0~10	0~10	0~10	0~5	0~5	0~5
2.36	5~35	0~25	0~15	5~35	0~25	0~15
1.18	35~65	10~50	0~25	35~65	10~50	0~25
0.60	71~85	41~70	16~40	71~85	41~70	16~40
0.30	80~95	70~92	55~85	80~95	70~92	55~85
0.15	90~100	90~100	90~100	85~97	80~94	75~94

a) 标准套筛　　b) 方孔筛　　c) 摇筛机　　d) 摇筛　　e) 筛分后各粒级

图 4-10　砂的筛分析试验

表 4-5　筛分析试验分析

筛 编 号	筛孔尺寸/mm	分计筛余量/g	分计筛余率 α（%）	累计筛余率 A（%）
1	4.75	15	3	$A_1=3$
2	2.36	25	5	$A_2=8$
3	1.18	130	26	$A_3=34$
4	0.60	110	22	$A_4=56$
5	0.30	140	28	$A_5=84$
6	0.15	60	12	$A_6=96$
筛底		0	20	4	—

(2) 泥、石粉、泥块

泥是天然砂中粒径<75μm的微小颗粒。石粉是机制砂中粒径<75μm的微小颗粒。泥块是块料粒径>1.18mm，经水洗手捏后粒径<0.6mm的颗粒，危害很大，能降低混凝土强度，引起开裂。人工砂中的石粉有棱角，用量少才有益，起润滑作用；用量多则降低混凝土强度。泥含量和泥块含量应符合表4-6的规定。

表4-6 泥含量和泥块含量

类别	Ⅰ类	Ⅱ类	Ⅲ类
泥含量（按质量计）（%）	≤1.0	≤3.0	≤5.0
泥块含量（按质量计）（%）	≤0.2	≤1.0	≤2.0

(3) 有害物质含量

砂中有害物质的限制见表4-7。

表4-7 砂中有害物质的限制

类别	Ⅰ类	Ⅱ类	Ⅲ类
云母（按质量计）（%）	≤1.0	≤2.0	
轻物质（按质量计）（%）	≤1.0		
有机物（比色法）	合格		
硫化物及硫酸盐（按SO_3质量计）（%）	≤0.5		
氯化物（以氯离子质量计）（%）	≤0.01	≤0.02	≤0.06
贝壳（按质量计）（%）	≤3.0	≤5.0	≤8.0

(4) 坚固性

1) 天然砂的坚固性采用硫酸钠溶液检验，试样经5次循环后的质量损失应符合表4-8的规定。

表4-8 天然砂的坚固性

类别	Ⅰ类	Ⅱ类	Ⅲ类
质量损失（%）	≤8		≤10

2) 机制砂的坚固性除满足以上规定外，压碎指标还应满足表4-9的规定。

表4-9 机制砂的压碎指标

类别	Ⅰ类	Ⅱ类	Ⅲ类
单级最大压碎指标（%）	≤20	≤25	≤30

三、粗集料

粗集料采用石子，与砂的区别是粒径大，公称粒径在5mm以上。

1. 分类

石子分为卵石和碎石（图4-11）。卵石优点：形状接近球形，流动性好。碎石优点：多棱角，与水泥石结合牢固，与卵石混凝土相比，碎石混凝土的强度要高10%~20%。接近球形或正方体的碎石流动性好。

混凝土组成材料：水泥、砂

a) 卵石　　　　　　　　　　　　　　b) 碎石

图 4-11　卵石和碎石

2. 物理性质

粗集料的表观密度不小于 2600kg/m³；松散堆积空隙率：Ⅰ类≤43％，Ⅱ类≤45％，Ⅲ类≤47％。

3. 技术要求

（1）颗粒级配

粗集料颗粒与砂的颗粒级配原理相同，粗集料颗粒级配见表 4-10。不同点：石子级配有两种情况，连续级配用于配置普通混凝土；单粒级配用于调整级配。《建设用卵石、碎石》（GB/T 14685—2022）和《普通混凝土用砂、石质量及检验方法标准》（JGJ 52—2006）的主要区别是"5~10"的级配属于连续粒级还是单粒粒级。

1）连续粒级，粒径从小（5mm）到大（可以是16mm、20mm、25mm、31.5mm、40mm）连续分级，用于配制普通混凝土。

2）单粒粒级，粒径从中间抽取，例如粒径为 5~31.5mm 是连续粒级，粒径为 16~31.5mm 则是单粒粒级。单粒粒级的作用：①改善级配。例如粒径为 5~31.5mm 的连续粒级偏细，粗粒少，可以加入粒径为 16~31.5mm 的单粒粒级。②配成较大粒径的连续级配，例如大坝混凝土用的石子，粒径为 5~40mm 的单粒粒级，加入粒径为 40~80mm 的单粒粒级，可得到粒径为 5~80mm 的连续粒级。

表 4-10　粗集料颗粒级配

公称粒级/mm		累计筛余（％）										
		方孔筛孔径/mm										
		2.36	4.75	9.50	16.0	19.0	26.5	31.5	37.5	53.0	63.0	75.0	90.0
连续粒级	5~16	95~100	85~100	30~60	0~10	0	—	—	—	—	—	—	—
	5~20	95~100	90~100	40~80	—	0~10	0	—	—	—	—	—	—
	5~25	95~100	90~100	—	30~70	—	0~5	0	—	—	—	—	—
	5~31.5	95~100	90~100	70~90	—	15~45	—	0~5	0	—	—	—	—
	5~40	—	95~100	70~90	—	30~65	—	—	0~5	0	—	—	—
单粒粒级	5~10	95~100	80~100	0~15	0	—	—	—	—	—	—	—	—
	10~16	—	95~100	80~100	0~15	—	—	—	—	—	—	—	—
	10~20	—	95~100	85~100	—	0~15	—	—	—	—	—	—	—
	16~25	—	—	95~100	55~70	25~40	0~10	0	—	—	—	—	—
	16~31.5	—	95~100	—	85~100	—	—	0~10	0	—	—	—	—
	20~40	—	—	95~100	—	80~100	—	—	0~10	0	—	—	—
	25~31.5	—	—	—	95~100	—	80~100	0~10	0	—	—	—	—
	40~80	—	—	—	—	95~100	—	—	70~100	—	30~60	0~10	0

注："—"表示该孔径累计筛余不作要求；"0"表示该孔径累计筛余为0。

（2）最大粒径

粗集料公称粒级的上限反映石子的粗细程度。例如粒级 5～40mm 的上限 40mm 为最大粒径。

粗集料最大粒径选用原则：在条件许可时，尽量选粒径大的粗集料。应根据结构物的种类、尺寸、钢筋间距等选择粗集料最大粒径。《混凝土结构工程施工质量验收规范》（GB 50204—2015）规定，对于一般构件，粗集料最大粒径不得大于结构物最小截面最小边长的 1/4，同时不得大于钢筋间最小净距的 3/4；对于混凝土实心板，允许采用最大粒径为 1/3 板厚的粗集料，同时最大粒径不得超过 40mm。

例如，钢筋混凝土梁尺寸为 250mm×500mm×6000mm，钢筋净距 50mm，粗集料最大粒径：≤250mm×1/4=62.5mm，同时≤50mm×3/4=37.5mm，则应选连续级配 5～31.5mm。

例如，厚 100mm 的实心板，粗集料应选 5～31.5mm 级配的石子。

（3）泥及泥块含量控制

粗集料泥含量和泥块含量见表 4-11。

表 4-11 粗集料泥含量和泥块含量

类别	Ⅰ类	Ⅱ类	Ⅲ类
泥含量（按质量计）（%）	≤0.5	≤1.0	≤1.5
泥块含量（按质量计）（%）	≤0.1	≤0.2	≤0.7

（4）有害物质限量

粗集料有害物质限量见表 4-12。

表 4-12 粗集料有害物质限量

类别	Ⅰ类	Ⅱ类	Ⅲ类
有机物含量	合格	合格	合格
硫化物及硫酸盐含量（按 SO_3 质量计）（%）	≤0.5	≤1.0	≤1.0

（5）坚固性

粗集料坚固性用硫酸钠溶液检验，试样经 5 次循环后，对质量损失的控制见表 4-13。

表 4-13 粗集料坚固性指标

类别	Ⅰ类	Ⅱ类	Ⅲ类
质量损失（%）	≤5	≤8	≤12

（6）强度

岩石的抗压强度应比配制的混凝土的抗压强度至少高 20%。混凝土强度等级≥C60 时，应进行岩石抗压强度检验。工程中可采用压碎指标值进行质量控制。粗集料压碎指标见表 4-14，粗集料压碎指标测定仪和试验过程如图 4-12 所示。

表 4-14 粗集料压碎指标

类别	Ⅰ类	Ⅱ类	Ⅲ类
碎石压碎指标（%）	≤10	≤20	≤30
卵石压碎指标（%）	≤12	≤14	≤16

a) 标准筛与压碎值试验仪

b) 压力试验机

c) 分三次装入试样

d) 摆平压碎值试验仪盖头上压力机均匀加压

e) 取出试样并筛分出2.36mm以下细料

图 4-12　粗集料压碎指标测定仪和试验过程

（7）针、片状颗粒

长度大于所属粒级平均粒径 2.4 倍的为针状颗粒。厚度小于平均粒径 0.4 倍的为片状颗粒。针、片状颗粒对混凝土的强度、流动性有害，其含量的控制见表 4-15，针、片状颗粒含量的测定用针状规准仪和片状规准仪进行，如图 4-13 所示。

表 4-15　针、片状颗粒含量

类别	Ⅰ类	Ⅱ类	Ⅲ类
针、片状颗粒含量（按质量计）（%）	≤5	≤8	≤15

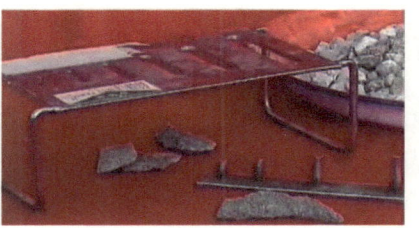

图 4-13　针状规准仪和片状规准仪

四、拌和用水

混凝土拌和用水一般用生活饮用水（市政水，井水），其他用水要经过检验，各项物质含量不得超标，海水要经淡化处理而且只能应用在沿海地区的素混凝土中。

五、矿物掺合料

矿物掺合料是指在混凝土拌制过程中直接加入以天然矿物质或工业废渣为材料的粉状矿

物质。其作用是改善混凝土的性能,提高混凝土的强度和耐久性;替代部分水泥,降低成本;有利于保护环境。矿物掺合料的主要品种:粉煤灰、硅灰、沸石粉和粒化高炉矿渣粉等,如图4-14所示。

图4-14　粉煤灰、硅灰、沸石粉、粒化高炉矿渣粉

六、外加剂

混凝土外加剂是在拌制混凝土的过程中掺入的,用以改善混凝土性能的物质。外加剂进场时要有合格证、检测报告。外加剂掺量以水泥质量的百分比计。

《混凝土外加剂》(GB 8076—2008)中按外加剂的主要功能将混凝土外加剂分为4类:

1)改善混凝土拌合物流变性能的外加剂,包括各种减水剂、引气剂和泵送剂等。

2)调节混凝土凝结时间和硬化性能的外加剂,包括缓凝剂、早强剂和速凝剂等。

3)改善混凝土耐久性的外加剂,包括引气剂、防水剂和阻锈剂等。

4)改善混凝土其他性能的外加剂,包括加气剂、膨胀剂、防冻剂、着色剂、防水剂和泵送剂等。

1. 减水剂

减水剂是指能保持混凝土的和易性不变,而显著减少其拌和用水量的外加剂。

(1)减水剂的减水作用

水泥加水拌和后,水泥颗粒之间会相互吸引,形成许多絮状物。当加入减水剂后,减水剂能拆散这些絮状结构,把包裹的游离水释放出来。

(2)减水剂的技术经济效果

1)在保持和易性不变,也不减少水泥用量时,可减少拌和用水量5%~25%或更多。

2) 在保持原配合比不变的情况下,可大幅度提高拌合物的坍落度(可增大 100~200mm)。

3) 若保持强度及和易性不变,可节省水泥用量 10%~20%。

4) 提高混凝土的抗冻性和抗渗性,使混凝土的耐久性得到提高。

(3) 常用减水剂

减水剂一般有木质素系、萘系、树脂系、糖蜜系和腐殖酸等几类,常用品种为前两种。减水剂可按主要功能分为普通减水剂、高效减水剂、早强减水剂、缓凝减水剂和引气减水剂等,如图 4-15 所示。

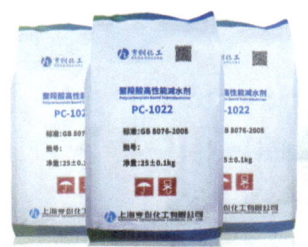

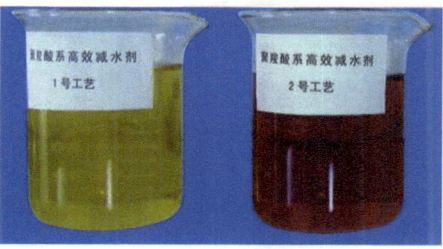

图 4-15 减水剂

2. 早强剂

早强剂是指能提高混凝土早期强度,并对后期强度无显著影响的外加剂。

常用的早强剂有氯盐、硫酸盐、三乙醇胺类及其复合物,如图 4-16 所示。早强剂的掺量要少,如氯盐早强剂的用量在混凝土干燥环境下仅为水泥质量的 0.6%,因为其对钢筋有腐蚀作用。

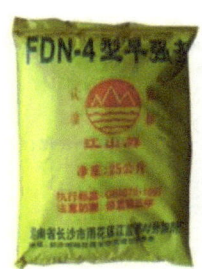

图 4-16 早强剂

3. 引气剂

搅拌混凝土的过程中,能引入大量均匀分布、稳定且封闭的微小气泡的外加剂称为引气剂。引气剂可引入直径为 0.05~1.25mm 的气泡,能改善混凝土的和易性,提高混凝土的抗冻性、抗渗性等,适用于港口、土工或地下防水混凝土等工程。

常用的引气剂有松香热聚物和植物皂角等,此外还有烷基磺酸钠及烷基苯磺酸钠等,如图 4-17 所示。

4. 防冻剂

能使混凝土在负温下硬化,并在规定时间内达到足够防冻强度的外加剂称为防冻剂。

在负温条件下施工的混凝土工程需掺入防冻剂。防冻剂除能降低冰点外,还有促凝、早强、减水等作用,所以多为复合防冻剂,如图 4-18 所示。氯盐对钢筋有锈蚀,所以很多工程部位不允许使用氯盐防冻剂。

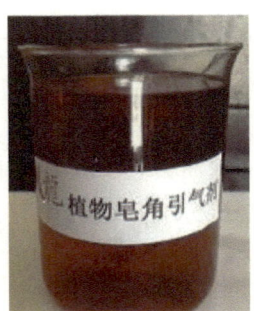

图 4-17　引气剂

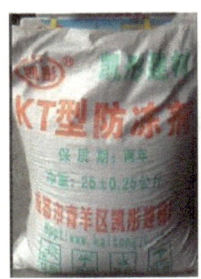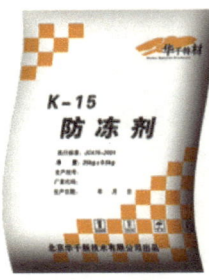

图 4-18　防冻剂

常用的复合防冻剂有 NON-F、NC-3、MN-F、FWⅡ、FWⅢ等型号。

5. 膨胀剂

膨胀剂（图 4-19）是指与水泥和水拌和后经水化反应生成钙矾石和氢氧化钙，使混凝土膨胀的外加剂。在钢筋约束下，这种膨胀转变成压应力，减少或消除了混凝土干缩和初凝时的裂缝，改善了混凝土的质量，水化生成的钙矾石能填充毛细孔隙，提高混凝土的耐久性和抗渗性。

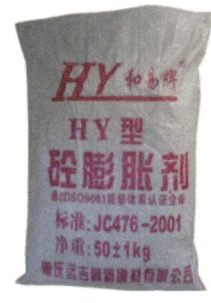

图 4-19　膨胀剂

6. 泵送剂

泵送剂（图 4-20）是指改善混凝土泵送性能的外加剂。

泵送剂组分包括减水组分、缓凝组分（调节凝结时间，增加游离水含量，从而提高流动性）及增稠组分（又称保水剂）。含防冻组分的泵送剂适用于冬期施工的混凝土。

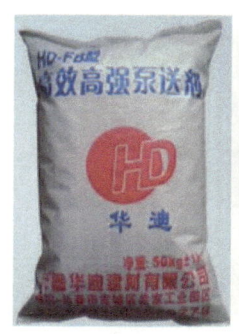

图 4-20 泵送剂

课外篇：强国园地

世界上海拔最高的铁路——青藏铁路，面临多年冻土、高寒缺氧和生态脆弱三大世界性工程难题，在建设过程中，我国工程人员克服无数艰难险阻，创造出了无数的"第一"。海拔 5068m 的唐古拉站，是世界上海拔最高的铁路车站；海拔 5010m 的风火山隧道，是世界上海拔最高的冻土铁路隧道。在建设过程中，技术人员开发了适用于高原、高寒多年冻土区混凝土施工的低温早强、抗冻耐腐、抗氯离子侵蚀和耐风蚀的外加剂，解决了施工难题，依靠使命必达、不忘初心的精神和技术的进步使青藏铁路顺利建成通车。

对青藏铁路的建成开通我们倍感自豪，我们不仅要学习我国工程人员不怕困难、大无畏的奉献精神，也要努力学习知识，提高自己的专业技能，靠科技进步解决实际建设问题，建设更多的彪炳史册的优质工程、超级工程。

任务 2　学习混凝土的主要技术性质

混凝土的技术性质主要包括硬化前、硬化中和硬化后的性质。硬化前的性质是指混凝土拌合物的和易性，硬化中的性质主要是指凝结硬化速度、收缩以及水化热等，硬化后的性质主要有强度、耐久性和收缩、徐变等。

一、混凝土拌合物的和易性

混凝土拌合物是指尚未硬化的新拌混凝土，其性质直接影响硬化后混凝土的质量，用和易性来衡量。

混凝土和易性

1. 和易性的概念

和易性是指混凝土拌合物易于施工操作（搅拌、运输、浇筑、振捣）并能获得质量均匀、密实的混凝土的性能，也称工作性，即是否容易进行各项施工操作（图 4-21）的性能。和易性是一项综合性质，主要包括流动性、黏聚性、保水性三个方面。

1) 流动性（稠度）是指在自重和机械振捣作用下，能流动并均匀密实地填满模板的性能。流动性好则操作方便，易于浇捣，成型密实。

2) 黏聚性是指各组分有一定的黏聚力，不分层，能保持整体均匀的性能。如果黏聚性差则各组分分层、离析，硬化后混凝土产生蜂窝、麻面，影响混凝土的强度和耐久性。

3) 保水性是指拌合物保持水分不易析出的能力。如果保水性差会降低混凝土流动性，

图 4-21 混凝土的施工操作

进而降低混凝土的可泵性和和易性,甚至造成质量事故。混凝土拌合物中的水也会在混凝土运输、振捣中,在凝结硬化前出现泌水现象,聚集在混凝土表面,造成疏松;或者聚集在集料、钢筋下面形成孔隙,削弱黏结力,降低承载力和耐久性,也是保水性差的表现。

混凝土和易性的上述三个方面互相联系,又常存在矛盾,在一定施工工艺的条件下,和易性是以上三方面性质的矛盾统一。

混凝土应具有良好的和易性,才便于施工,获得均匀密实的混凝土,从而保证强度和耐久性,否则就会出现质量缺陷,如图 4-22 所示。

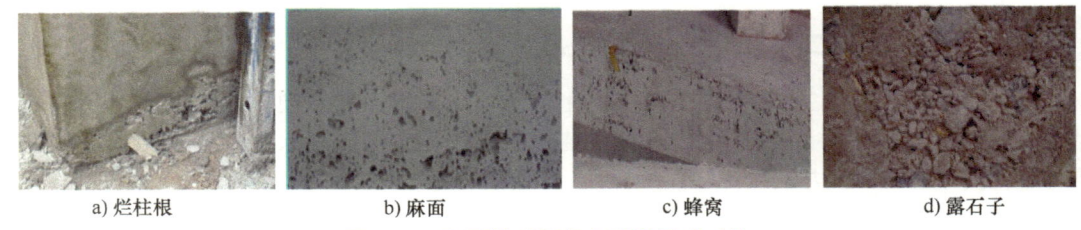

图 4-22 和易性对混凝土质量影响对比

2. 和易性的评定

《普通混凝土拌合物性能试验方法标准》(GB/T 50080—2016)规定:采用坍落度、维勃稠度或扩展度测定混凝土拌合物的流动性,辅以直观经验评定黏聚性和保水性,然后综合评定混凝土的和易性。坍落度试验适用于测定坍落度不小于 10mm 的塑性混凝土拌合物的流动性,维勃稠度试验适用于测定维勃稠度在 5~30s 的干硬性混凝土拌合物的流动性。

(1)坍落度

坍落度是指混凝土拌合物在自重作用下坍落的高度,按照《普通混凝土拌合物性能试验方法标准》(GB/T 50080—2016),测定混凝土坍落度有以下要点(图 4-23):拌合物分三次装入;每层插捣 25 次;抹平;竖直向上提筒,并在 3~7s 内完成;拌合物因自重而向下坍落 30s 或停止坍落时,测量坍落筒顶面与混凝土最高点的高度差(mm);最后从侧面用捣棒轻轻敲击,判断其黏聚性,观察周围稀浆,判断保水性,综合评定和易性,如图 4-24 所示。

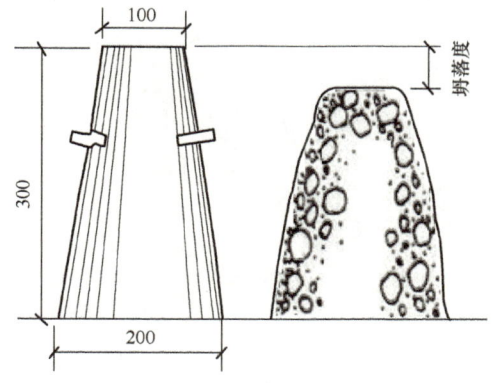

a) 试验原理

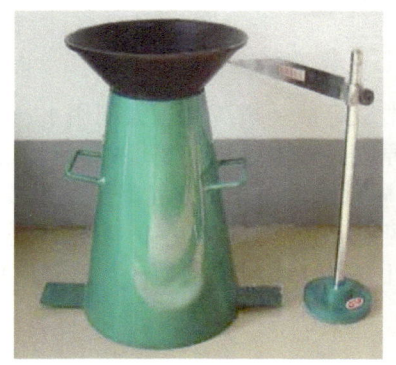

b) 坍落筒　　　　　　　c) 拌制混凝土拌合物

d) 分层装入　　　e) 分层插捣　　　f) 抹平

g) 竖直向上提筒　　　h) 测量高度差(mm)即为坍落度

图 4-23　坍落度的测定

图 4-24 评定和易性

坍落度过小的混凝土施工不便,影响质量甚至造成事故;坍落度过大则用水量过多,混凝土强度降低,耐久性变差。混凝土坍落度选择的原则是在满足施工要求的前提下,尽可能选用较小坍落度的混凝土,以节约水泥并获得较高质量的混凝土。《混凝土质量控制标准》(GB 50164—2011)将混凝土按照坍落度进行分级,见表4-16,坍落度为10~90mm 的为塑性混凝土,100~150mm 的为流动性混凝土,160mm 及以上的为大流动性混凝土。浇筑时的坍落度选择见表4-17。泵送混凝土的坍落度不小于100mm,也不宜大于180mm。

表 4-16 混凝土按照坍落度分级

级别	坍落度/mm	允许偏差/mm
S1	10~40	±10
S2	50~90	±20
S3	100~150	±30
S4	160~210	±30
S5	≥220	±30

表 4-17 浇筑时的坍落度选择

项次	结构种类	坍落度/mm
1	基础或地面等的垫层、无筋的厚大结构(挡土墙、基础或厚大的块体等)或配筋稀疏的结构	10~30
2	板、梁和大型及中型截面的柱子等	30~50
3	配筋密列的结构(薄壁、斗仓、筒仓、细柱等)	50~70
4	配筋特密的结构	70~90

(2)维勃稠度

维勃稠度是指按标准方法成型的截头圆锥形混凝土拌合物,经振动至摊开水泥浆沾满透明圆盘的时间(s),测试过程如图4-25所示。维勃稠度值越大,混凝土拌合物流动性越差,越干硬。混凝土按维勃稠度分级见表4-18。

图 4-25 维勃稠度测试过程

表 4-18 混凝土按维勃稠度分级

级别	维勃稠度/s	允许偏差/s
V0	≥31	±3
V1	21~30	±3
V2	11~20	±3
V3	6~10	±2
V4	3~5	±1

坍落度小于 10mm 且须用维勃稠度表示其稠度的混凝土为干硬性混凝土。干硬性混凝土与塑性混凝土的不同之处是石子多、用水量少、流动性小,水泥相同时其强度高。干硬性混凝土形成的不是包裹型的结构,而是嵌固型的结构,施工难度大,不易控制,因此应用很少,应用最多的是塑性、流动性混凝土。

3. 影响和易性的主要因素

1)水泥浆含量。在混凝土中,集料之间的相互摩擦是无流动性的,拌合物的流动性或可塑性主要取决于水泥浆含量。集料含量一定时,水泥浆越多,流动性越好。

2)水灰比。水灰比是指水与水泥质量之比(W/C),是重要的参数,反映混凝土的稠度,一般情况下不变动。水灰比过大,水泥浆太稀,容易产生严重离析及泌水现象;过小,则因流动性差而难于施工。通常水灰比在 0.4~0.7,并尽量选用水灰比小的混凝土。

3)砂率 β_s。砂率反映砂、石总的粗细程度。β_s 是指砂质量占砂、石质量的百分数,是反映砂、石比例的指标。因 $\beta_s = m_s/(m_s + m_g)$,如 β_s 增大,则砂增多,此时集料总体偏细。β_s 越小(石子多,水泥浆易流失、混凝土干涩),混凝土的流动性越差;β_s 越大(集料总体偏细、混凝土干稠),混凝土的流动性越好。施工时应该选择一个合理(最佳)砂率,如图 4-26 和图 4-27 所示。

合理砂率是指混凝土拌合物获得所需要的流动性、良好的黏聚性与保水性，而水泥用量为最少的砂率值。

4）温度。温度是外因，温度升高，混凝土的流动性降低，变稠。温度每升高10℃，混凝土坍落度减少20~40mm，所以夏季要考虑温度的影响，设计配合比时应适当增加用水量。

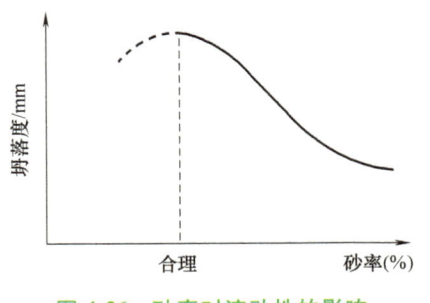
图 4-26 砂率对流动性的影响

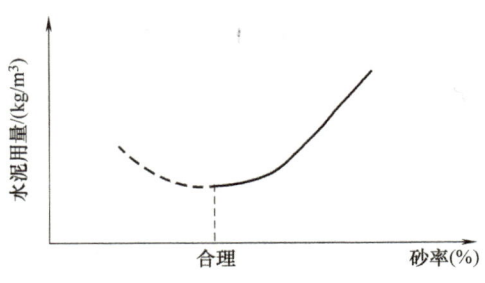
图 4-27 砂率对水泥用量的影响

另外，水泥的品种、细度，集料的品种，混凝土的掺加料、外加剂以及施工条件等都会影响混凝土的和易性。

4. 改善和易性的措施

1）改善砂、石的级配。
2）采用合理砂率。
3）较少采用针、片状颗粒，较多采用接近于球形或正方体形状的颗粒。

当坍落度较小时，应保持水灰比不变，适当增加水泥浆用量；或者保持砂率不变，减少砂、石用量。当坍落度较大甚至黏聚性、保水性较差时，应采取与上述相反措施；如果不奏效，则需要增大砂率。

二、混凝土拌合物凝结硬化中的性质

1. 凝结硬化

混凝土与水泥情况基本一致，硬化反应中有水化放热现象，硬化后体积收缩。硬化反应速度与水泥品种、用量，混凝土配合比，施工环境及施工方法有关。

2. 体积收缩

混凝土体积收缩的分类如下：

1）沉缩（塑性收缩）：是指密度大于水的颗粒下沉，紧贴。
2）自收缩（化学收缩）：是由水泥水化反应引起的，反应物体积大，而生成物体积小。
3）干燥收缩（物理收缩）：是由水分蒸发引起的，通过采取措施可以减轻，这种收缩影响最大。

建筑工程中拌合物的收缩情况：水泥净浆收缩最大，水泥砂浆居中，混凝土最小。

3. 水化升温现象

水化热对冬期施工是有益的，但对大体积混凝土工程不利，容易出现裂缝，要注意构件内外温差控制在25℃内，采用水化热低的水泥可防止出现开裂现象。大体积混凝土工程要控制温度裂缝如图4-28所示。

4. 早期强度

混凝土早期强度主要与水泥的品种、外加剂和施工环境有关。一般工程，混凝土要达到2.5MPa才能拆除侧模，才能不缺棱掉角；达到规范要求的强度时才能拆除底模。对于紧急抢修工程,要重点考虑早期强度。

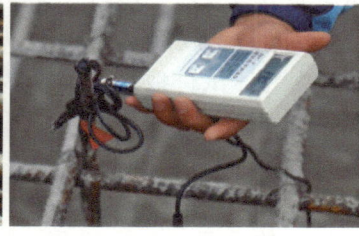

图 4-28　大体积混凝土工程要控制温度裂缝

三、混凝土拌合物硬化后的性质

混凝土拌合物硬化后的性质主要研究两个方面:强度和耐久性,其变形性质可简单了解。

1. 强度

混凝土与其他脆性材料一样,抗压强度高,抗拉强度仅为抗压强度的 1/20~1/10,所以要发挥其优势制作纯受压构件(如垫层用素混凝土),否则承受局部的拉应力时,需要结合钢筋共同工作。测抗压强度时用的试件形状如不同,如立方体、棱柱体,强度数值会不一样,用途也不一样。

混凝土性质:强度

(1) 立方体抗压强度(f_{cu})

立方体抗压强度是施工中进行质量控制的依据,根据《混凝土结构设计规范》(GB 50010—2010),立方体抗压强度标准值$f_{cu,k}$是判断混凝土强度等级的依据。

混凝土强度等级采用符号 C 与立方体抗压强度标准值表示。普通混凝土通常按立方体抗压强度标准值$f_{cu,k}$划分为 C15、C20、C25、C30、C35、C40、C45、C50、C55、C60、C65、C70、C75、C80 等强度等级(C60 以上的混凝土称为高强混凝土)。

测定立方体抗压强度标准值时,采用标准方法制作边长为 150mm 的标准试件,在标准条件下养护 28d,用标准试验方法测得一批数值中的标准值,强度低于该值的概率不超过 5%,即强度保证率为 95%,如图 4-29 所示。如 C30,$f_{cu,k}$ = 30MPa,即混凝土立方体抗压强度标准值为 30MPa,95%试件都能达到 30MPa。

图 4-29　混凝土立方体抗压强度测试

《混凝土结构工程施工质量验收规范》(GB 50204—2015) 要求根据石子的最大粒径来选择试件尺寸,当采用非标准尺寸试件时,应将其抗压强度乘以换算系数,并注意以下事项:

1) 当混凝土强度等级低于 C60 时,对边长为 100mm 的立方体试件取换算系数为 0.95,对边长为 200mm 的立方体试件取换算系数为 1.05。例如,边长为 100mm 的试件,尺寸小,出现缺陷的概率小,测得数值偏大,应乘以换算系数 0.95。试件尺寸及换算系数见表 4-19。

2) 当混凝土强度等级不低于 C60 时,宜采用标准尺寸试件;使用非标准尺寸试件时,换算系数应由试验确定,试件数量不应少于 30 组。

表 4-19 试件尺寸及换算系数

集料的最大公称粒径/mm	试件尺寸/mm	换算系数
31.5	100	0.95
40.0	150	1.00
63.0	200	1.05

例如,某混凝土构件留置了三块边长为 100mm 的立方体试件,测得其抗压破坏荷载为 380kN,立方体抗压强度为 38MPa,则该混凝土的标准抗压强度为 38MPa×0.95＝36.1MPa,能达到 C35 标准等级。

(2) 轴心(棱柱体)抗压强度(f_a)

混凝土抗压强度试验 1

工程实践中,构件的形状一般为棱柱体,所以在混凝土结构计算中,常以轴心(棱柱体)抗压强度作为设计依据。在《混凝土物理力学性能试验方法标准》(GB/T 50081—2019)中,轴心抗压强度试件的尺寸为 150mm×150mm×300mm。相同的混凝土,测得的轴心抗压强度 f_a 的数值比立方体试件的要小,$f_a = 0.67 f_{cu}$,原因是棱柱体的抗压环箍效应较弱,如图 4-30 所示。

强度试验中用到的标准尺寸与非标准尺寸的试模和标准养护室的试块如图 4-31 所示。

混凝土抗压强度试验 2

混凝土轴心抗拉强度非常小,一拉就裂,一般为抗压强度的 1/20～1/10,混凝土轴心抗拉强度不易测定,一般用劈裂抗拉强度试验进行间接测定(类似劈柴,施加压力使其左右拉开),如图 4-32 所示。

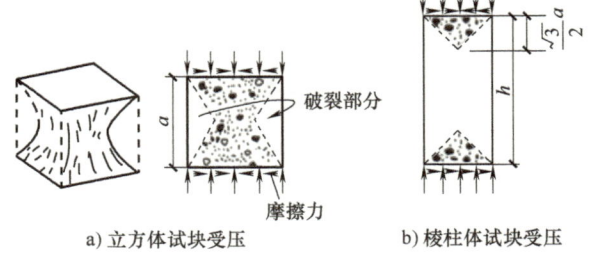

a) 立方体试块受压　　b) 棱柱体试块受压

图 4-30 立方体和棱柱体抗压强度试验对比

(3) 影响强度的因素

塑性混凝土的强度取决于水泥石的强度与集料的黏结强度,黏结强度不足,易发生破坏,如图 4-33 所示。

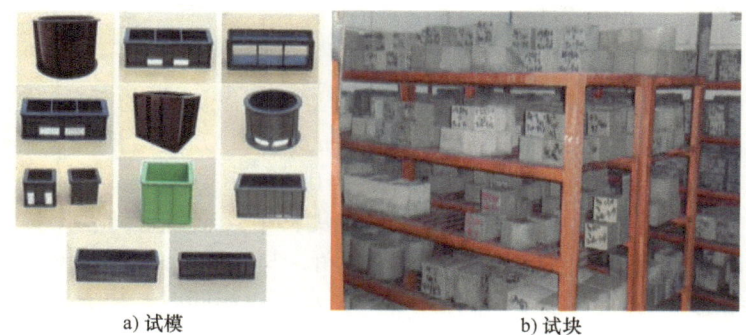

a) 试模　　　　　　　　　　　　b) 试块

图 4-31　试模与试块

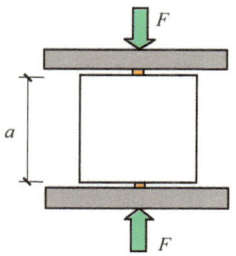

a) 劈拉试验原理

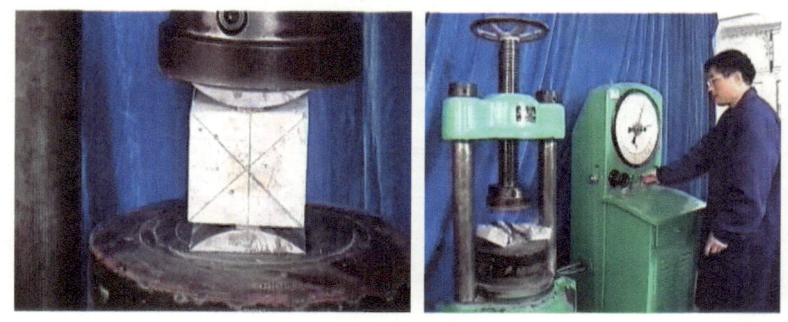

b) 劈拉试验测定

图 4-32　劈裂抗拉强度试验

图 4-33　普通 C30 混凝土在水泥石、集料的黏结处发生破坏

1）水泥强度和水灰比。这是影响混凝土强度的主要因素。水泥强度等级越高，水灰比越小，混凝土强度就越高。试验证明，混凝土强度与水灰比呈反比关系，而与灰水比呈正比关系。根据大量试验数据，得到强度经验公式：

$$混凝土养护28d强度 f_{cu} = A \times 水泥实际强度 f_{ce} \times \left(\frac{1}{水灰比} - B\right)$$

当无法取得水泥实际强度时,可以根据其强度等级乘以1.13的系数进行估算。上式中,水灰比是指水与水泥的质量之比,即水灰比=$m_水/m_{水泥}$。A、B是与粗集料相关的系数,当采用碎石时,$A=0.53$,$B=0.20$;当采用卵石时,$A=0.49$,$B=0.13$。

2)粗集料。粗集料与水泥的黏结不同,当粗集料中含有大量针、片状颗粒及风化的岩石时,会降低混凝土强度。碎石表面粗糙、多棱角,与水泥石黏结力较强,而卵石表面光滑,与水泥石黏结力较弱。因此,水泥强度等级和水灰比相同时,碎石混凝土强度比卵石混凝土强度要高。

例如,用碎石配制混凝土,采用强度等级为32.5的水泥、0.45的水灰比,则预计该混凝土养护28d能达到的强度为0.53×1.13×32.5MPa×(1/0.45-0.20)=39.4MPa;如果用卵石配制,则预计为37.7MPa。

3)龄期。混凝土的强度增长先快后慢,呈对数关系。以养护28d强度为基数,2年达到2倍,20年才能达到3倍。

4)养护条件。试验表明,保持足够湿度时,温度升高,水泥水化速度加快,强度增长也快。保持潮湿时间越长,强度发展越快,最终强度越高,如图4-34所示。

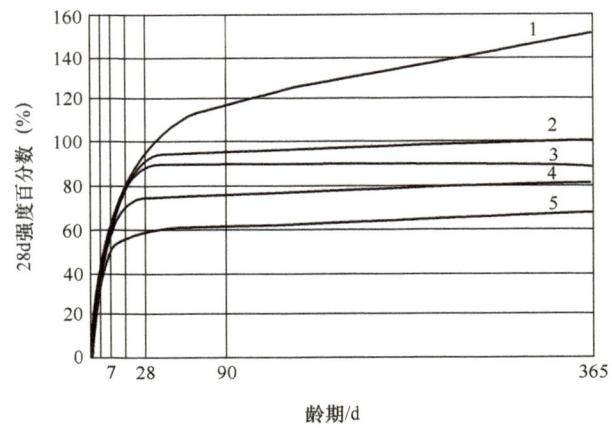

图4-34 混凝土强度与保持潮湿时间的关系
1—长期保持潮湿 2—保持潮湿14d 3—保持潮湿7d 4—保持潮湿3d 5—保持潮湿1d

《混凝土结构工程施工质量验收规范》(GB 50204—2015)规定,混凝土浇筑完毕后应及时进行养护,养护时间以及养护方法应符合施工方案的要求。

获得高强混凝土的措施:采用高强度等级水泥、采用较小的水灰比、采用干硬性混凝土、采用碎石、蒸汽(蒸压)养护,加减水剂或早强剂,加强机械搅拌、振捣等。

蒸汽养护是指将混凝土构件放在蒸汽养护室中,通入温度为45℃左右的水蒸气,使混凝土升温,加速水化硬化进程,如图4-35所示。蒸汽养护可使掺有混合材料的混凝土的养护28d强度提高10%~40%。

蒸压养护是指高温高压养护,在压力≥8个标准大气压、温度>174.5℃的高压釜中养护,如图4-36所示。加气混凝土常采用蒸压养护以提高性能。

2. 耐久性

耐久性是指在各种破坏性因素和介质的作用下,长期正常工作并保持强度和外观完整性的能力,包括混凝土的抗渗性、抗冻性、抗蚀性,以及抗碳化能力和抗碱集料反应能力等。

图 4-35 蒸汽养护

图 4-36 蒸压养护

(1)抗渗性

抗渗性是决定材料耐久性的主要指标,在《混凝土质量控制标准》(GB 50164—2011)中用抗渗等级表示,是指用标准方法进行抗渗试验时,石料、混凝土或砂浆所能承受的最大水压力,抗渗试验如图 4-37 所示。用字母 P+可承受的水压力(以 0.1MPa 为单位)来表示抗渗等级。有 P4、P6、P8、P10、P12 及 >P12 共 6 级,表示试件能承受逐步增高至 0.4MPa、0.6MPa、0.8MPa、1.0MPa、1.2MPa…的水压而不渗透。抗渗性与材料内部的孔隙率特别是开口孔隙率有关,主要取决于水灰比,水灰比越大,孔隙率越大,抗渗性越差。

混凝土耐久性

图 4-37 混凝土抗渗试验

(2)抗冻性

抗冻性是耐久性的表征。混凝土结构或构件的抗冻性用抗冻等级来表示(快冻法),符号为 F,有 F50~F400 共 9 级,是指抗压强度下降≤25%、质量损失≤5%时能经受冻融循环的最大次数。例如,F150 是指能承受 150 次冻融循环。抗冻等级越高,耐久性越高。建材行业的混凝土制品也有采用抗冻标号(慢冻法)表示抗冻性的,符号为 D,有 D50~>D200 共 5 级。抗冻试验机及试模如图 4-38 所示。

(3) 抗蚀性

抗蚀性与构造有关，抗蚀性差，水和腐蚀性介质容易进入；与水泥的品种也有关。

(4) 碳化

碳化也叫中性化，混凝土中的碱与环境中的水和二氧化碳发生反应 [$Ca(OH)_2+CO_2=CaCO_3+H_2O$]，碱性变中性，失去了对钢筋的保护作用，如图 4-39 所示。可以用碳化试验箱或碳化尺进行碳化程度分析，测量红色与未变色的交界面到混凝土表面的距离，即为碳化深度，如图 4-40 所示。

图 4-38　抗冻试验机及试模

图 4-39　碳化的危害

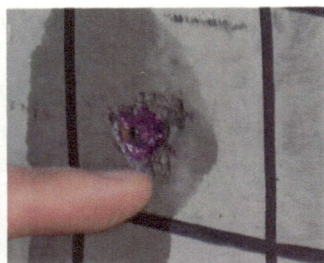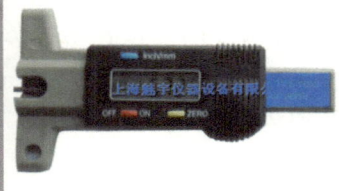

碳化试验箱　　　　　　碳化深度测量　　　　　　碳化尺

图 4-40　碳化深度测量

消除碳化的措施：保持在水环境中，保持在干燥环境中，或采用高碱水泥。

(5) 碱集料反应

碱是从水化过程中或环境中得到的，集料是指对碱有活性的集料。混凝土在长期使用过程中，两者发生反应使水泥石膨胀开裂，非常有害，如图 4-41 所示。可以用碱集料反应试验箱进行检测，如图 4-42 所示。

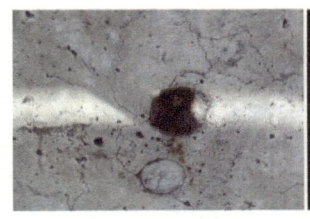

图 4-41　碱集料反应的危害

预防碱集料反应的措施：

1) 采用低碱水泥。

2) 采用活性低的集料。

3) 掺混合材料，降低碱含量。

4) 控制湿度，尽量避免产生碱集料反应的所有条件同时出现。

(6) 提高耐久性的措施

1) 合理选择水泥品种。

2) 掺外加剂，改善混凝土的性能。

 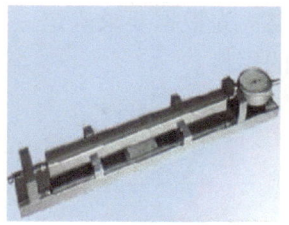

碱集料收缩膨胀仪

图 4-42　碱集料反应检测仪器

3）加强浇捣和养护，提高混凝土强度和密实度。

4）用涂料和其他措施进行表面处理，防止混凝土碳化。

5）适当控制水胶比及最小胶凝材料用量。考虑耐久性的要求，控制最大水胶比和最小胶凝材料用量，见表 4-20 和表 4-21。

表 4-20　混凝土的最大水胶比

环境类别	一	二 a	二 b	三 a
最大水胶比	0.60	0.55	0.50	0.45

表 4-21　混凝土的最小胶凝材料用量

最大水胶比	最小胶凝材料用量/(kg/m^3)		
	素混凝土	钢筋混凝土	预应力混凝土
0.60	250	280	300
0.55	280	300	300
0.50	320		
≤0.45	330		

注：1. 胶凝材料是水泥和矿物掺合料的总称。

　　2. 配制 C15 及以下等级的混凝土，可不受此表限制。

3. 变形性能

混凝土在荷载或温（湿）度作用下会产生变形，主要包括弹性变形、塑性变形、收缩变形和温度变形等。混凝土在短期荷载作用下的弹性变形主要用弹性模量表示。在长期荷载作用下，应力不变，应变持续增加的现象称为徐变；应变不变，应力持续减少的现象称为松弛。由于水泥水化、水泥石的碳化和失水等原因产生的体积变形，称为收缩。

任务 3　学习混凝土配合比的设计方法

根据混凝土强度等级、耐久性与和易性等要求，进行混凝土各组分用量的比例设计，称为混凝土配合比设计。配合比表达方法常采用两种：

1）配成 1m^3 拌合物材料用量（单方用量）。例如：水泥 m_c = 300kg，砂 m_s = 720kg，石子 m_g = 1200kg，水 m_w = 180kg，这样可以看出这几种材料用量的比例关系。

2）连比关系，各材料顺序不变，水灰比单独注明。例如：$m_c : m_s : m_g$ = 300 : 720 : 1200 = 1 : 2.4 : 4，水灰比 W/C = 0.6。连比关系更透彻地揭示了几种材料之间的关系。

配合比要求：①满足强度要求，如 C30；②耐久性合格，处于干燥环境或其他环境；③满足施工要求，满足和易性要求等；④考虑经济性，节约水泥。

配合比的设计思路：先根据要求确定三大参数（水胶比、砂率、单方用水量），然后通过计算给出各种材料的用量。

配合比设计的三大步骤：

　　　　实验室:调整和易性、强度复核　　施工现场:考虑砂、石含量 $W_含$
　　　初步配合比————→最终配合比————→施工配合比

混凝土配合比

1. 初步配合比

计算初步配合比分7个小步骤：

（1）计算配制强度

$$f_{cu,o} = f_{cu,k} + 1.645\sigma \text{（C60以上高强度混凝土配置强度是设计强度的1.15倍）}$$

式中　$f_{cu,o}$——混凝土立方体抗压强度标准值（MPa）；

　　　σ——混凝土强度标准差。

标准差 σ 的计算十分复杂且有前提条件，这里只了解查表法即可，σ 可以查表4-22得到。

表4-22　标准差 σ 的值

混凝土强度标准值	≤C20	C25~C45	C50~C55
σ	4.0	5.0	6.0

（2）确定水胶比（W/B）

可直接用推导公式得出水胶比：

$$W/B = \alpha_a f_b / (f_{cu,o} + \alpha_a \alpha_b f_b)$$

式中　f_b——胶凝材料的实测强度，$f_b = f_{ce} \times$ 系数。

上式中的 α_a 与 α_b 是由石子决定的回归系数，碎石：$\alpha_a = 0.53$，$\alpha_b = 0.20$；卵石：$\alpha_a = 0.49$，$\alpha_b = 0.13$。

例如，求得 $B/W = 1.67$，可以求得 $W/B = 0.6$，对比表4-20，满足一类环境耐久性要求，则可以采用此配合比。如果 $W/B = 0.7$，则需改成 $W/B = 0.6$。

（3）确定单位用水量（m_{wo}）

配成1m³拌合物需要的用水量见表4-23和表4-24。

表4-23　干硬性混凝土的用水量　　　　　　　　　　　（单位：kg/m³）

拌合物稠度		卵石最大公称粒径/mm			碎石最大粒径/mm		
项目	指标	10.0	20.0	40.0	16.0	20.0	40.0
维勃稠度/s	16~20	175	160	145	180	170	155
	11~15	180	165	150	185	175	160
	5~10	185	170	155	190	180	165

表4-24　塑性混凝土的用水量　　　　　　　　　　　（单位：kg/m³）

拌合物稠度		卵石最大粒径/mm				碎石最大粒径/mm			
项目	指标	10.0	20.0	31.5	40.0	16.0	20.0	31.5	40.0
坍落度/mm	10~30	190	170	160	150	200	185	175	165
	35~50	200	180	170	160	210	195	185	175

（续）

项目	拌合物稠度	卵石最大粒径/mm				碎石最大粒径/mm			
	指标	10.0	20.0	31.5	40.0	16.0	20.0	31.5	40.0
坍落度/mm	55~70	210	190	180	170	220	105	195	185
	75~90	215	195	185	175	230	215	205	195

注：1. 本表用水量是采用中砂时的取值。采用细砂时，$1m^3$ 混凝土用水量可增加 5~10kg；采用粗砂时，可减少 5~10kg。

2. 掺用矿物掺合料和外加剂时，用水量应相应调整。

（4）确定砂率（β_s）

1）坍落度<10mm，则需做试验确定砂率。

2）坍落度在 10~60mm，查表 4-25 确定砂率。如水胶比为 0.52，则先按照十分位 5 找到范围，再根据百分位 2 经内插法确定具体数值。

注意：W/B 增大容易离析泌水，所以增大砂率可提高保水性。

3）坍落度>60mm，每增加 20mm，砂率增加 1%。

表 4-25 砂率的选择

水胶比（W/B）	卵石最大粒径/mm			碎石最大粒径/mm		
	10	20	40	10	20	40
0.40	26~32	25~31	24~30	30~35	29~34	27~32
0.50	30~35	29~34	28~33	33~38	32~37	30~35
0.60	33~38	32~37	31~36	36~41	35~40	33~38
0.70	36~41	35~40	34~39	39~44	38~43	36~41

（5）计算胶凝材料用量（m_{bo}）

胶凝材料用量 $m_{bo}=m_{wo}/(W/B)$，同时查表 4-21，注意满足耐久性要求。如果计算结果是 250kg，且不满足耐久性要求，则取 260kg。然后，根据掺合料的掺量计算水泥和矿物掺合料用量。

（6）计算砂、石用量（m_{so}、m_{go}）

砂、石用量用质量计算，即假定每种原材料混合在一起配成 $1m^3$ 拌合物的质量为 2400kg（湿表观密度情况下）左右，则有

$$m_{bo}+m_{so}+m_{go}+m_{wo}=2400kg$$
$$\beta_s=m_{so}/(m_{so}+m_{go})$$

先求出砂、石用量： $m_{so}+m_{go}=2400-m_{bo}-m_{wo}$

再求砂用量： $m_{so}=(m_{so}+m_{go})\times\beta_s$

最后求石子用量： $m_{go}=(m_{so}+m_{go})-m_{so}$

（7）确定连比

以水泥用量 m_{co} 为 1，注意配合比的材料顺序。例如 $m_{co}:m_{so}:m_{go}=1:2.4:4$，水胶比 $W/B=0.6$。

2. 最终配合比

取 20L（石子粒径≤31.5mm）或 25L 拌合物进行和易性调整得到基准配合比，再调整水胶比增减各 0.05，得到 3 组试件，标准养护 28d 后进行强度复核，求出满足混凝土配制强度 $f_{cu,o}$ 要求的灰水比（C/W），得到最终配合比，即设计配合比，也叫实验室配合比（水泥用量 m_{cb}：砂用量 m_{sb}：石子用量 m_{gb}）。

3. 施工配合比

施工配合比主要解决砂、石含水率的问题，如设计要求用 680kg 的干砂，而现场取的 680kg 湿砂，干砂含量不足，要考虑干砂吸进来的水，即

水泥质量 $m_c = m_{cb}$（干水泥质量）

湿砂质量 $m_s = m_{sb}$（干砂质量）$(1+a\%) = m_{sb} + m_{sb}a\%$（砂中水质量）

湿石质量 $m_g = m_{gb}$（干石质量）$(1+b\%) = m_{gb} + m_{gb}b\%$（石中水质量）

式中　$a\%$——砂的含水率；

　　　$b\%$——石的含水率。

用水量 $m_w = m_{wb}$（基准配合比中用水量）$- m_{sb}a\% - m_{gb}b\%$

施工配合比为前三个数作连比，W/C 不变。

课外篇：职业精神

在进行计算和分析时，务必准确设计和计算、不出错，追求精益求精的职业精神，不怕麻烦、不怕困难，做到最好，实现质量和效益，避免不必要的损失。

【例 4-1】 某工程制作室内用的钢筋混凝土大梁，混凝土设计强度等级为 C20，施工要求坍落度为 35~50mm，采用机械振捣，一类环境。该施工单位无历史统计资料。

采用材料：普通水泥，32.5 级，实测强度为 34.8MPa；无掺加料；中砂，表观密度为 2650kg/m³，堆积密度为 1450kg/m³；卵石，最大粒径 20mm，表观密度为 2730kg/m³，堆积密度为 1500kg/m³；自来水。试设计混凝土的配合比（按干燥材料计算）。若施工现场中砂含水率为 3%，卵石含水率为 1%，求施工配合比。

解：

（1）确定配制强度

该施工单位无历史统计资料，查表 4-22 取 $\sigma = 5.0$MPa。

$$f_{cu,o} = f_{cu,k} + 1.645\sigma = (20+8.2)\text{MPa} = 28.2\text{MPa}$$

（2）确定水胶比（W/B）

1）利用强度经验公式计算水胶比：

$$W/B = \alpha_a f_b / (f_{cu,o} + \alpha_a \alpha_b f_b) = 0.49 \times 34.8 / (28.2 + 0.49 \times 0.13 \times 34.8) = 0.56$$

2）复核耐久性。查表 4-20 得最大水胶比为 0.6，因此 $W/B = 0.56$ 满足耐久性要求。

（3）确定单位用水量（m_{wo}）

此题要求施工坍落度为 35~50mm，卵石最大粒径为 20mm，查表 4-24 得每立方米混凝土用水量，$m_{wo} = 180$kg。

（4）计算水泥用量（m_{bo}）

$$m_{bo} = m_{wo} \times B/W = 180/0.56\text{kg} = 321\text{kg}$$

查表 4-21 得最小水泥用量为 300kg，故满足耐久性要求。

（5）确定砂率

根据 $W/B = 0.56$，卵石最大粒径 20mm，查表 4-25，选砂率 $\beta_s = 32\%$。

（6）计算砂、石用量（m_{so}、m_{go}）

按质量计算，取混凝土拌合物单位质量为 2400kg，列方程组：

$$m_{bo} + m_{so} + m_{go} + m_{wo} = 2400\text{kg}$$

$$\beta_s = m_{so}/(m_{so} + m_{go})$$

或者　　　砂、石用量 = 2400 - 胶凝材料 - 水 = 2400kg - 321kg - 180kg = 1899kg

砂用量＝砂、石用量×砂率＝1899kg×32%≈608kg

石用量＝砂、石用量－砂用量＝1899kg－608kg＝1291kg

（7）计算初步配合比

$$m_{bo} : m_{so} : m_{go} = 321 : 608 : 1291 = 1 : 1.89 : 4.02$$

$$W/B = 0.56$$

（8）实验室调整、校核（略）

结论：实验室配合比为 330：640：1296：182，水胶比＝182/330＝0.550

（9）确定施工配合比

现场砂含水率3%，石含水率1%，则 1m³ 拌合物的实际材料用量为

水泥用量 $m_c = m_{cb} = 330$kg

湿砂用量 $m_s = m_{sb}(1+a\%) = 640 \times (1+3\%) = 659$kg

湿石用量 $m_g = m_{gb}(1+b\%) = 1296 \times (1+1\%) = 1309$kg

用水量 $m_w = m_{wb} - m_{sb}a\% - m_{gb}b\% = (182-19-13)kg= 150$kg

连比＝1：2：3.97，水胶比 0.55 不变。

任务 4　认识其他类型的混凝土

一、轻混凝土

凡表观密度小于 1950kg/m³ 的混凝土统称为轻混凝土。按其组成成分可分为轻集料混凝土、多孔混凝土（加气混凝土）和大孔混凝土（无砂大孔混凝土）三种类型。

其他混凝土

1. 轻集料混凝土

用轻质粗集料、轻质细集料（或普通砂）、水泥和水配制而成的，干表观密度不大于 1950kg/m³ 的混凝土叫轻集料混凝土（图4-43）。轻集料混凝土是一种轻质、高强和多功能的新型建筑材料，具有表观密度小、保湿性好和抗震能力强等优点。

图 4-43　轻集料混凝土

（1）轻集料的分类

凡粒径大于 5mm，堆积密度小于 1000kg/m³ 的集料，称为轻的粗集料；粒径不大于 5mm，堆积密度小于 1200kg/m³ 的集料，称为轻的细集料。轻集料如图4-44所示，轻集料堆积密度见表4-26。

图 4-44　轻集料

轻集料按其来源可分为 3 类：天然轻集料、人造轻集料和工业废料。

表 4-26 轻集料堆积密度

密度等级		堆积密度范围/(kg/m³)
轻粗集料	轻细集料	
300	—	210~300
400	—	310~400
500	500	410~500
600	600	510~600
700	700	610~700
800	800	710~800
900	900	810~900
1000	1000	910~1000
—	1100	1010~1100
—	1200	1110~1200

（2）轻集料技术性能

轻集料的技术性能主要包括堆积密度、强度、颗粒级配和吸水率等。此外，对耐久性、安定性、有害杂质含量也提出了要求。

轻集料强度用筒压强度及强度等级表示，轻集料的筒压强度以筒压法测定，如图 4-45 所示。

图 4-45 筒压法用的轻集料承压筒

轻粗集料的筒压强度和强度等级应不低于表 4-27 的规定。

表 4-27 轻粗集料的筒压强度和强度等级

密度等级	筒压强度 f_a/MPa		强度等级 f_{ak}/MPa	
	碎石型	普通型和圆球型	普通型	圆球型
300	0.2/0.3	0.3	3.5	3.5
400	0.4/0.5	0.5	5.0	5.0
500	0.6/1.0	1.0	7.5	7.5
600	0.8/1.5	2.0	10	15
700	1.0/2.0	3.0	15	20
800	1.2/2.5	4.0	20	25
900	1.5/3.0	5.0	25	30
1000	1.8/4.0	6.5	30	40

（3）轻集料混凝土的技术性能

1）和易性。

2）强度与强度等级。《轻骨料混凝土应用技术标准》（JGJ/T 12—2019）规定，根据立方体抗压强度标准值，可将轻集料混凝土划分为 13 个强度等级：LC5.0、LC7.5、LC10、

LC15、LC20、LC25、LC30、LC35、LC40、LC45、LC50、LC55 和 LC60。结构轻集料混凝土的强度等级按表 4-28 采用。

表 4-28 结构轻集料混凝土强度等级

强度种类		轴心抗压 f_{ck}/MPa	轴心抗拉 f_{tk}/MPa
混凝土强度等级	符号		
	LC15	10.0	1.27
	LC20	13.4	1.54
	LC25	16.7	1.78
	LC30	20.1	2.01
	LC35	23.4	2.20
	LC40	26.8	2.39
	LC45	29.6	2.51
	LC50	32.4	2.64
	LC55	35.5	2.74
	LC60	38.5	2.85

3）表观密度。轻集料混凝土按干燥状态下的表观密度划分为 14 个密度等级，见表 4-29。

表 4-29 轻集料混凝土密度等级

密度等级	干表观密度的变化范围/(kg/m³)	密度等级	干表观密度的变化范围/(kg/m³)
600	560~650	1300	1260~1350
700	660~750	1400	1360~1450
800	760~850	1500	1460~1550
900	860~950	1600	1560~1650
1000	960~1050	1700	1660~1750
1100	1060~1150	1800	1760~1850
1200	1160~1250	1900	1860~1950

4）收缩与徐变。

5）保温性能。轻集料混凝土具有较好的保温性能，表观密度为 1000kg/m³、1400kg/m³ 以及 1800kg/m³ 的轻集料混凝土的热导率分别为 0.28W/(m·K)、0.49W/(m·K) 和 0.87W/(m·K)。

（4）轻集料混凝土施工注意事项

1）应对轻粗集料的含水率及堆积密度进行测定。

2）必须采用强制式搅拌机搅拌，防止轻集料上浮或搅拌不均。

3）拌合物在运输中应采取措施减少坍落度损失和防止离析。

4）轻集料混凝土拌合物应采用机械振捣成型。

5）轻集料混凝土浇筑成型后应及时覆盖和喷水养护。

2. 多孔混凝土

多孔混凝土中的加气混凝土（图 4-46）是由含钙质材料（水泥、石灰等）及含硅质材料（石英砂、粉煤灰、粒状高炉矿渣等）为原料，经磨细和配料，再加入发气剂（铝粉），进行搅拌、浇筑、发泡、切割及蒸压养护等工序制成的。其质量指标是表观密度和强度。加气混凝土一般表观密度小且孔隙率大，强度较低，但保温性能较好。

图 4-46　加气混凝土

多孔混凝土中的泡沫混凝土（图 4-47）是由水泥净浆加入泡沫剂（也可加入部分掺合料），经搅拌、入模以及养护制成的。常用的泡沫剂有松香胶泡沫剂和水解性血泡沫剂。泡沫混凝土的表观密度为 300~800kg/m³，抗压强度为 0.3~5MPa，热导率为 0.10~0.25W/(m·K)。

泡沫　　　　　　大小不同的泡沫孔　　　　　泡沫混凝土制品

图 4-47　泡沫混凝土

3. 大孔混凝土

大孔混凝土包括普通大孔混凝土和轻集料大孔混凝土，其组成中没有细集料，多用作透水生态地坪，如图 4-48 所示。

图 4-48　大孔混凝土生态地坪

二、商品混凝土

商品混凝土是以集中搅拌（图 4-49）、远距离运输的方式向施工工地提供现浇混凝土。商品混凝土是现代混凝土与现代化施工工艺相结合的高科技建材产品，它包括大流动性混凝土、流态混凝土、泵送混凝土、自密实混凝土、防渗抗裂大体积混凝土、高强混凝土和高性能混凝土等。

1）由于是集中搅拌，因此能严格控制原材料质量和配合比，能保证混凝土的质量要求。

图 4-49　搅拌站

2）要求拌合物具有较好的和易性，即高流动性、坍落度损失小、不泌水、不离析、可泵性好。

3）经济性要好，要求成本低、性价比高。

三、防水混凝土

防水混凝土又称为抗渗混凝土，是指抗渗等级≥P6的混凝土，主要用于工业及民用建筑的地下工程，水工构筑物以及受干湿交替作用或冻融作用的工程，分为普通防水混凝土、膨胀水泥防水混凝土和外加剂防水混凝土。

1）普通防水混凝土是以调整配合比的方法来提高自身密实度和抗渗性的一种混凝土。

2）膨胀水泥防水混凝土中的膨胀水泥在水化过程中，形成大量的体积增大的水化硫铝酸钙，在有约束的条件下改善混凝土的孔结构，使总孔隙率减少、孔径减小，从而提高混凝土抗渗性。

3）外加剂防水混凝土种类较多，常见的有引气剂防水混凝土、密实剂防水混凝土及三乙醇胺防水混凝土等。还有利用YE系列防水剂配成的高抗渗防水混凝土，不仅大幅度地提高混凝土抗渗强度等级，还对混凝土的抗压强度及劈裂抗拉强度也有明显的增强作用。

四、高强混凝土

强度等级为C60~C90的混凝土称为高强混凝土，C100以上的混凝土称为超高强度混凝土。高强和超高强度混凝土的特点是强度高、耐久性好以及变形小，能适应现代工程结构向大跨度、重载、高耸发展和承受恶劣环境条件的需要。

目前，高强混凝土的实用技术路线是：高品质通用水泥+高性能外加剂+特殊掺合料。配制时，应选用质量稳定、强度等级不低于42.5级的硅酸盐水泥或普通硅酸盐水泥，应掺用活性较好的矿物掺合料，且宜复合使用矿物掺合料，还应掺用高效减水剂或缓凝高效减水剂。

高强和超高强度混凝土配合比的计算方法和步骤与普通混凝土基本相同。

五、清水混凝土

清水混凝土是指现浇混凝土一次浇筑成型，不做任何外装饰，采用自然表面效果作为饰面，表面平整光滑、色泽均匀、棱角分明、无碰损和污染，只是在表面涂一层或两层透明的保护剂，显得十分天然、庄重。清水混凝土建筑（图4-50）对美观、色差以及表面气泡等方面有很高要求，在配制、生产、施工和养护等方面应采取相应的措施。

图4-50　清水混凝土建筑

六、耐酸混凝土

耐酸混凝土中的水玻璃耐酸混凝土由水玻璃、耐酸粉料、耐酸粗（细）集料和氟硅酸钠组成，是一种能抵抗绝大部分酸类（除氢氟酸、氟硅酸和热磷酸外）侵蚀作用的混凝土，特别是对具有强氧化性的浓硫酸、硝酸等有足够的耐酸稳定性。在技术规范中规定水玻璃的模数以2.6~2.8为佳，水玻璃密度应在1.36~1.42g/cm³。

七、纤维混凝土

纤维混凝土是在混凝土中掺入纤维制成的复合材料，在抗拉强度、抗弯强度、抗裂强度和冲击韧性等方面较普通混凝土有明显的改善。常用的纤维材料有钢纤维、合成纤维、碳纤维和玻璃纤维等，如图4-51所示。

 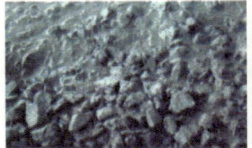  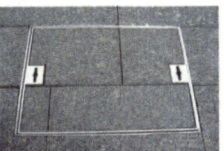

a) 钢纤维及其制品(提高混凝土韧性和抗拉强度)

b) 合成纤维及其制品(丙纶、聚酯纤维,抗裂作用)

c) 碳纤维工程(加固作用)

d) 玻璃纤维及其制品

图 4-51　纤维在混凝土中的应用

　　纤维混凝土主要用于非承重结构或对抗冲击性要求较高的工程,如机场跑道、高速公路、桥面面层、管道等。

课外篇：强国园地

　　衡量一个国家的建筑水平要看其建设的速度和规模。改革开放初期,我国基建设施还很落后,但发展到"基建狂魔"只用了短短的几十年,在这几十年的追赶过程中,我国工程技术人员完成了一个又一个令人惊叹的基建工程和超级工程,其中有很多工程位列世界第一。很多基建工程在人们眼中是十分不可思议的,是不可能完成的任务。如港珠澳大桥、北京大兴国际机场、矮寨特大悬索桥等超级工程,无论建造速度还是施工质量都令世人惊叹。

　　我们为祖国有如此强大的基建技术而骄傲!我们也要努力学习更多的知识与技能,努力成为大国工匠。

任务 5　进行混凝土的检测

　　混凝土的质量控制应贯穿于设计、生产、施工及成品检验的全过程,即:
1) 控制与检验混凝土组成材料的质量,以及配合比的设计与调整情况;混凝土拌合物的水灰比、稠度、均匀性、含气量，以及生产设备的调试与人员配备等。

2）生产全过程各工序（如计量、搅拌、运输、浇筑以及养护等）的检验与控制。

3）混凝土成品合格控制。

1. 检验项目

混凝土的抗压强度能较好地反映混凝土的全面质量，工程中常以混凝土抗压强度作为重要的质量控制指标，并以此作为评定混凝土生产质量水平的依据。《混凝土结构工程施工质量验收规范》（GB 50204—2015）对混凝土的质量控制如下：

1）对混凝土的各种组成材料进行质量检测。

2）对混凝土拌合物和易性的检测、评定，参见《普通混凝土拌合物性能试验方法标准》（GB/T 50080—2016）。

3）对混凝土试件进行强度和耐久性检测，参见《混凝土物理力学性能试验方法标准》（GB/T 50081—2019）和《普通混凝土长期性能和耐久性能试验方法标准》（GB/T 50082—2009）。

2. 强度试件的抽样方法

用于检验混凝土强度的试件，应在浇筑地点随机抽取。对于统一配合比的混凝土，取样与试件留置应符合下列规定：

1）每拌制 100 盘且不超过 $100m^3$ 时，取样不得少于一次。

2）每工作班拌制量不足 100 盘时，取样不得少于一次。

3）连续浇筑超过 $1000m^3$ 时，每 $200m^3$ 取样不得少于一次。

4）每一楼层取样不得少于一次。

5）每次取样应至少留一组试件。

检验方法：检查施工记录及混凝土强度试验报告。

3. 和易性检测

（1）主要仪器设备

坍落筒或维勃稠度仪、捣棒、钢板、抹刀、小铁铲和钢尺。

（2）检测步骤

1）用湿布润湿坍落筒及其他用具，坍落筒放在钢板中心。

2）在搅拌地点取拌合物试样，或者按配合比称量材料进行干拌，再加水拌和。

3）脚踩两边钢板，用小铁铲分三层将拌合物均匀地装入坍落筒内，每次捣实后的高度约为筒高 1/3；每层用捣棒沿螺旋方向由外向中心插捣 25 次，每次确保插透本层；顶层插捣完后，刮去多余拌合物，用抹刀抹平；清除筒边拌合物，在 7~10s 内垂直平稳地提起坍落筒并放在混凝土锥体旁，用钢尺测量坍落筒顶与拌合物最高点之间的垂直距离，即为坍落度值，精确至 1mm。

如发生崩塌或一边剪坏现象，应重新取样另行测定。第二次仍出现上述现象，则表示和易性不好，予以记录备查。

用捣棒轻轻敲击已坍落的拌合物锥体，观察和评定其黏聚性，如果锥体逐渐下沉，表示黏聚性良好；如果倒塌、部分崩裂或出现离析现象，则表示黏聚性差。观察周围有无稀浆析出，如果有较多稀浆析出，锥体因失浆而集料外露，则保水性差。

4. 强度检测

（1）制作试件

每次取样，应至少制作一组标准养护试件。每组 3 个试件应从同一盘或同一车的混凝土中取样制作。在制作试件前，试模应清洁干净，内壁涂脱模剂，坍落度小于 70mm 的混凝土试件采用振动台成型，一次装入试模；坍落度大于 70mm 的混凝土试件，采用人工插捣，分两层装入，每层厚度大致相等，插捣从边缘向中心进行，每 10000mm² 截面插捣次数不少于 12 次。

（2）养护

标准养护试件拆模静止 1~2 昼夜，拆模后应立即放在温度为（20±2）℃、湿度为 95%以上的标准养护室中养护 28d。同条件试件成型后应立即用不透水薄膜覆盖表面，拆模时间与实际构件拆模时间相同，并同条件养护。

（3）检测

养护至规定龄期后，取出试件并擦拭干净，检查外观，测量试件尺寸，精确至 1mm，据此算出试件的承压面积。如实际尺寸与公称尺寸之差不超过 1mm，可按公称尺寸进行计算。

试件成型时的侧面为承压面，放在试验机压板之间连续均匀加载。试件强度等级<C30，加载速度取 0.3~0.5MPa/s；C30≤试件强度等级<C60，加载速度取 0.5~0.8MPa/s；试件强度等级≥C60，加载速度取 0.8~1.0MPa/s。具体检测过程参见《混凝土物理力学性能试验方法标准》(GB/T 50081—2019)。

试件接近破坏开始急剧变形时，停止调整试验机油门，直至试件破坏，记录破坏荷载。极限荷载除以承压面积即为立方体抗压强度 f_{cu}，根据试件尺寸乘以相应的换算系数（表 4-19）。相关内容参见《混凝土强度检验评定标准》(GB/T 50107—2010)。

取 3 个试件强度的算术平均值作为每组试件的强度代表值，当一组试件中强度的最大值或最小值之差超过中间值的 15%时，取中间值作为该组试件的强度代表值；最大值和最小值与中间值相差均超过 15%时，该组试件强度结果无效，不应作为评定的依据。

混凝土试块抗压强度检测报告见表 4-30，混凝土检测原始记录见表 4-31。

混凝土试块试验

表 4-30　混凝土试块抗压强度检测报告

委托单位：×××　　　　　　　　　　　　　　　　　　　　　统一编号：×××

工程名称	×××			委托日期	2020.01.22
使用部位	15 层内墙、柱 1-33			报告日期	2020.01.22
强度等级	C25			试块规格/mm	100×100×100
预拌混凝土生产厂家	×××预拌混凝土有限公司			配合比编号	
养护方法	标准养护			检测类别	委托检测
样品状态	表面平整，无缺棱掉角				
成型日期	破型日期	龄期/d	单块强度值/MPa	强度代表值/MPa	达设计强度（%）
2019.12.25	2020.01.22	28	34.4	33.7	135
			35.6		
			36.6		
依据标准	《混凝土物理力学性能试验方法标准》(GB/T 50081—2019)				

（续）

备注	见证单位：×××公司 见证人：××× 　　　　　　　　取样人：×××
声明	1. 本检测报告无检验检测专用章和计量认证专用章的为无效；无批准、审核、检测人员签字的为无效。 2. 本检测报告结论不含无标准要求的实测结果，该数据仅供委托方参考。 3. 若有异议或需要说明之处，请于出具报告之日起 15 日内书面提出，逾期不予受理。 4. 未经本检验检测机构书面批准，不得复制该报告。 5. 地址：×××　电话：×××　邮政编码：×××

检测单位：×××建筑工程检测公司　　　批准：　　　　审核：　　　　检测：

表 4-31　混凝土检测原始记录

统一编号：

混凝土种类	普通混凝土	要求坍落度/mm		委托日期	
搅拌方式	□机械　□人工	浇捣方式	□机械振捣 □捣棒插捣	检测日期	
状态调节	＿＿月＿日＿时至＿月＿日＿时；温度：＿℃；相对湿度：＿%			检测类别	□委托检测
检测环境	温度：＿℃；相对湿度：＿%			设计等级	C30
试配强度	设计强度<C60 时：$f_{cu,o} \geq f_{cu,k}+1.645\sigma=38.225$MPa；选 $\sigma=5.0$MPa				
	设计强度≥C60 时：$f_{cu,o} \geq 1.15$；$f_{cu,k}=$＿＿＿MPa				
水泥编号		强度等级	P·O；42.5	厂家	
砂编号		规格	中砂	厂家	堆积密度	1480kg/m³
石子 1 编号		种类	碎石	厂家	粒径	5~10mm
石子 2 编号		种类	碎石	厂家	粒径	10~20mm
掺合料 1 编号		名称及型号		厂家	掺量	%
掺合料 2 编号		名称及型号		厂家	掺量	%
掺合料 3 编号		名称及型号		厂家	掺量	%
掺合料 4 编号		名称及型号		厂家	掺量	%
外加剂 1 编号		种类	减水率 β	%	厂家	掺量	%
外加剂 2 编号		种类	减水率 β	%	厂家	掺量	%
外加剂 3 编号		种类	减水率 β	%	厂家	掺量	%
胶凝材料 28d 胶砂抗压强度/MPa		42.5		混凝土的最大水胶比	0.8	

计算基准水胶比		粗集料品种 系数	碎石	卵石
$W/B = \dfrac{\alpha_a f_b}{f_{cu,o}+\alpha_a \alpha_b f_b}=0.67$；$f_b=\gamma_f \gamma_s f_{ce}=49.3$MPa；$f_{ce}=\gamma_c f_{ce,g}=49.3$MPa $\gamma_f=1.00$；$\gamma_s=1.00$；$\gamma_c=1.16$		α_a	0.53	0.49
		α_b	0.20	0.13

单位用水量：$m_{wo}=m'_{wo}(1-\beta)=220$kg/m³
计算胶凝材料用量：$m_{bo}=328$kg/m³　　　　　$m_{ao}=m_{bo}\beta_a=0$kg/m³
计算掺合料用量：$m_{fo}=m_{bo}\beta_f=0$kg/m³
计算水泥用量：$m_{co}=m_{bo}-m_{fo}=328$kg/m³；选砂率 $\beta_s=38$%

（续）

假定1m³拌合物质量 $m_{cp}=2440kg/m^3$		$m_{so}+m_{go}=m_{cp}-m_{co}-m_{fo}-m_{wo}=1892kg/m^3$						$m_{so}=719kg/m^3$			$m_{go}=1173kg/m^3$		
注：砂、石均为干料；试模尺寸：100mm×100mm×100mm；养护条件：标准养护													
配合比名称	材料名称	水泥	掺合料1	掺合料2	掺合料3	掺合料4	砂	石1	石2	水	外加剂1	外加剂2	外加剂3
计算配合比	用量/(kg/m³)	328					719	1173		220			
	30L拌和用量/kg	9.84					21.57	35.19		6.6			
	成型日期	月 日					坍落度	80mm		坍落度扩展度	320mm		
试拌配合比	用量/(kg/m³)	328					719	1173		220			
	校正用量/(kg/m³)												
	30L拌和用量/kg	9.84					21.57	35.19		6.6			
	成型日期	月 日					坍落度	80mm		坍落度扩展度	320mm		
调整配合比1	用量/(kg/m³)	317					719	1173		220			
	校正用量/(kg/m³)												
	30L拌和用量/kg	9.51					21.57	35.19		6.6			
	成型日期	月 日					坍落度	80mm		坍落度扩展度	320mm		
调整配合比2	用量/(kg/m³)	339					719	1173		220			
	校正用量/(kg/m³)												
	30L拌和用量/kg	10.17					21.57	35.19		6.6			
	成型日期	月 日					坍落度	80mm		坍落度扩展度	320mm		
依据标准	□《普通混凝土配合比设计规程》(JGJ 55—2011)　□《普通混凝土拌合物性能试验方法标准》(GB/T 50080—2016)												
仪器设备	□电子计重台秤□电子天平□单卧轴强制式搅拌机□混凝土试验用振实台□坍落筒□钢直尺												
备注	"√"表示选用该标准或设备；"×"表示未选用。												

校核：　　　　　　　　　　　　　　　　　　　　　　　　检测：

课外篇：科学求实

我们在做检测、做试验、出数据的时候，务必要秉承求实精神。求实精神就是去伪存真，拨开复杂的外表求得事物的内在本质，不能为了某些人的利益去篡改数据、以次充好、以假乱真。我们要以真实为务，以真实为本，以真实为一切，丢弃一切纠葛、杂念，纯粹地追求真实——这个就是求实精神。实事求是需要擦亮眼睛，实事求是需要勇气，实事求是更需要我们的良知。

项目 5 砂浆

典型工作任务：

【典型任务1】

某建筑设计有限公司设计的某学校实训楼图纸的结构设计总说明中对砌体材料的要求摘录如下：

> 1. 砌体施工质量控制等级为B级，砌筑砂浆采用预拌砂浆。
> 2. 地上填充墙采用加气混凝土砌块砌体，砌块强度等级为A3.5，干密度级别为B05。砂浆采用M5混合砂浆。加气混凝土砌块砌体的质量应符合《蒸压加气混凝土砌块》（GB/T 11968—2020）的要求，施工应符合《蒸压加气混凝土制品应用技术标准》（JGJ/T 17—2020）的要求。
> 3. 地面以下或防潮层以下直接与土接触的填充墙采用MU20混凝土普通砖、M7.5水泥砂浆砌筑；地面以下或防潮层以下不与土接触的填充墙采用陶粒混凝土砌块、M5水泥砂浆砌筑。
> 4. 陶粒混凝土砌块：平均干密度<750kg/m³。
> 5. 砂浆：基础采用M5水泥砂浆，一般部位采用M5混合砂浆。
> 6. 门窗洞口的阳角做圆角，一般抹灰粉刷墙面的阳角时，抹1:3水泥砂浆作为护角。
> 7. 屋面防水卷材用不燃材料覆盖，不上人屋面为20mm厚1:2.5水泥砂浆，上人屋面为40mm厚细石混凝土。

图纸中对砂浆的要求是什么？砂浆应具有什么样的性能和特点？

【典型任务2】

施工现场对砂浆如何进行取样？在检测哪些项目？如何检测？如何判断砂浆的质量是否达到图纸的要求？

典型任务目标：

根据典型工作任务，确定学习任务。确定需要达到的任务目标如下：
1. 掌握建筑砂浆的作用及分类。
2. 掌握砌筑砂浆的技术性质及抽样送检方法。
3. 掌握抹面砂浆的特点及施工要求。
4. 了解防水砂浆、保温砂浆等的组成、特点及要求。
5. 能采取措施保证砌筑砂浆的质量。

6. 能检测砂浆的质量。
7. 提高小组协作意识，能分工合作进行砂浆的检测。
8. 与项目4的学习进行对比，提高学习的自信心。

学习任务：

建筑砂浆简称砂浆，是由胶凝材料（水泥、石灰、石膏等）、细集料（砂、炉渣、碎石屑、碎玻璃等）和水，必要时掺入某些掺加料按一定比例配制成的材料，也可以称为细集料混凝土，如图5-1所示。

图5-1　砂浆搅拌机与砂浆

砂浆在建筑工程中应用十分广泛：
1) 砌筑各种砖、石材、砌块。
2) 进行墙面、地面及构件表面的表面抹灰，如图5-2所示。

图5-2　抹灰用砂浆

3) 粘贴大理石、水磨石或瓷砖等饰面材料，如图5-3所示。

图5-3　粘贴面砖或石材

4）填充管道或墙板的接缝，如图5-4所示。

图5-4　填充管道和墙板接缝

5）对结构进行功能处理（保温、防水、吸声等），如图5-5所示。

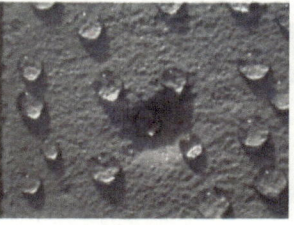

a) 保温处理　　　　　　b) 防水处理　　　　　　c) 吸声处理

图5-5　功能处理

6）构成复合墙体，如图5-6所示。

图5-6　构成复合墙体

砂浆的分类：

1）砂浆按用途分为砌筑砂浆、抹面砂浆（普通、装饰）和特种砂浆（保温、防水、吸声等）。

2）砂浆按胶凝材料分为水泥砂浆、石灰砂浆和混合砂浆，如图5-7所示。

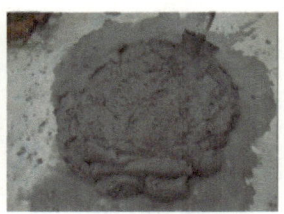

图5-7　水泥砂浆、石灰砂浆和混合砂浆

3）砂浆按施工方法分为现场配制砂浆和预拌砂浆（湿拌砂浆、干混砂浆，图5-8）。

重点掌握砌筑砂浆，其分析思路与混凝土一致，重点分析三大部分，即：组成材料、性质和配合比。

图 5-8　湿拌砂浆、干混砂浆

课外篇：职业先锋

2017 年，在第 44 届世界技能大赛砌筑项目比赛中，来自中国广东的梁智滨以出色的表现夺得项目冠军（图 5-9）。这是中国人在世界技能大赛砌筑项目中拿到的第一枚金牌。站在领奖台上的那一刻，19 岁的梁智滨热泪盈眶，数年的辛劳付出得到了回报，他为自己深爱着的祖国获得了宝贵的荣誉。梁智滨"砌"出了一条通往世界技能之巅的冠军之路，诠释了"工匠精神"的真谛。

面对这些年龄相仿的榜样，我们应积极学习他们的奋斗精神，认真体会他们的情操理想，自信自强。无论我们在哪一个领域工作，只要潜心钻研，付出汗水，就可以获得很高的成就。而无论是走学术路线还是技术路线，只要能够潜心钻研，都可以有很好的发展。这个新时代需要更多的大国工匠、能工巧匠来建设我们美好的祖国！

图 5-9　梁智滨在第 44 界世界技能大赛砌筑项目上荣获金牌

任务 1　学习砌筑砂浆

一、砌筑砂浆的选用和组成材料的选择

砌筑砂浆是指用于砌筑砖、石或砌块等块材的砂浆，如图 5-10 所示。其作用是黏结（砂浆饱满度）、衬垫（消除复杂应力）和传递荷载。

砂浆概述、砌筑
砂浆组成材料

1. 砌筑砂浆的选用

根据砂浆的使用环境和强度等级等指标，砌筑砂浆选用条件如下：

1）水泥砂浆：适用于潮湿环境、水中以及砂浆强度等级≥M5 的工程。

2）石灰砂浆：适用于地上以及强度不高的干燥环境的低层或临建工程。

3）混合砂浆：适用于地面以上干燥环境的工程，常用于低层、多层和高层建筑的填充墙砌筑。

2. 砌筑砂浆组成材料的选择

砌筑砂浆组成材料应满足《砌筑砂浆配合比设计规程》(JGJ/T 98—2010) 的规定，同时不得对人体、生物与环境造成有害的影响，并应符合《建筑材料放射性核素限量》(GB 6566—2010) 的规定。

图 5-10　砌筑砂浆

1）水泥品种及强度。可根据设计要求、砌筑部位及所处的环境条件选择适宜的水泥品种，一般选择中低强度的水泥即能满足要求。M15 及以下强度等级的砌筑砂浆宜选用 32.5 级的通用硅酸盐水泥或砌筑水泥；M15 以上强度等级的砌筑砂浆宜选用 42.5 级通用硅酸盐水泥。严禁采用废品和不合格的水泥。

2）砂。砂宜选用中砂，并应符合《普通混凝土用砂、石质量及检验方法标准》(JGJ 52—2006) 的规定，且应全部通过 4.75mm 的筛孔。

3）水。与混凝土要求一样，应用生活饮用水，符合《混凝土用水标准》(JGJ 63—2006) 的规定。

4）掺加料。为了改善砂浆的和易性，节省水泥（水泥颗粒保水性不好，容易泌水），可以插入掺加料，一般为石灰膏、电石膏、粉煤灰或粒化高炉矿渣等。

生石灰熟化成石灰膏时，应用孔径不大于 3mm×3mm 的网过滤，熟化时间不得少于 7d；磨细生石灰粉的熟化时间不得少于 2d。沉淀池中储存的石灰膏，应采取防止干燥、冻结和污染的措施。严禁使用脱水硬化的石灰膏，因为其不但不起塑化作用，还会影响砂浆强度。电石膏的电石渣应用孔径不大于 3mm×3mm 的网过滤，检验时应加热至 70℃后至少保持 20min，并应待乙炔挥发完后再使用。

消石灰粉不得直接用于砌筑砂浆中。严寒地区，磨细生石灰直接加入砌筑砂浆中属冬期施工措施。

5）外加剂。凡在砂浆中掺入有机塑化剂、早强剂、缓凝剂或防冻剂等，应经检验和试配符合要求后，方可使用。有机塑化剂应有砌体强度的型式检验报告。

二、砌筑砂浆的主要技术性质

砌筑砂浆应有良好的和易性，足够的抗压强度、黏结强度和耐久性。

1. 和易性

（1）流动性（稠度）

流动性是指砂浆在自重或外力作用下是否易于流动的性能。其大小用沉入度 K 表示，即砂浆稠度测定仪的标准试锥自由下沉 10s 时的沉入量数值，如图 5-11 所示。其值越大，流动性越好。K 大则强度降低，K 小则不

砌筑砂浆的性质和配合比

便于施工操作,达不到砂浆饱满度的要求。砌体种类不同,选用砂浆的沉入度数值不同,见表 5-1。

表 5-1 根据砌体种类选择砂浆沉入度

砌 体 种 类	砂浆沉入度/mm
烧结普通砖砌体、粉煤灰砖砌体	70~90
混凝土砖砌体、普通混凝土小型空心砌块砌体、灰砂砖砌体	50~70
烧结多孔砖砌体、烧结空心砖砌体、轻集料混凝土小型空心砌块砌体、蒸压加气混凝土砌块砌体	60~80
石砌体	30~50

(2) 保水性

保水性是指在存放、运输和使用过程中,新拌制砂浆保持各层砂浆中水分均匀一致的能力,其指标是分层度(K_1-K_2),是指砂浆的稠度与静态存放 30min 后所测得的下层砂浆稠度的差值,砂浆分层度测定仪如图 5-12 所示。保水性好的砂浆,分层度应在 10~20mm。分层度大于 30mm 的砂浆保水性不良,水分容易离析,砌筑时水分容易被砌块吸收,导致施工困难。分层度过小,容易发生干缩裂缝。

图 5-11 砂浆稠度测定仪

图 5-12 砂浆分层度测定仪

《砌筑砂浆配合比设计规程》(JGJ/T 98—2010)规定,保水性常用保水率表示。用 2 片医用棉纱覆盖在砂浆表面,再在棉纱表面放上 8 片滤纸,用不透水片盖在滤纸表面,滤纸吸水 2min 后,砂浆中保留的水的质量占原始水量的百分数,即为保水率。水泥砂浆保水率≥80%,水泥混合砂浆保水率≥84%,预拌砂浆保水率≥88%。

2. 抗压强度

砂浆的抗压强度一般用抗压强度等级表示。砂浆的抗压强度等级是指用标准试件 (70.7mm×70.7mm×70.7mm 的立方体) 一组 3 块 (图 5-13),按标准方法养护 28d,再用标准方法测定其抗压强度的平均值 (MPa)。《砌筑砂浆配合比设计规程》(JGJ/T 98—2010) 中将砂浆强度等级用符号 M 来表示,水泥砂浆有 M5、M7.5、M10、M15、M20、M25 和 M30 共 7 个级别,水泥混合砂浆有 M5、M7.5、M10 和 M15 共 4 个级别。铺砌在密实底面的砂浆强度与水泥强度和水灰比有关;铺砌在多孔吸水底面的砂浆强度与水泥强度和水泥用量有关,与用水量无关。

a) 抗压试模　　　　　　　　b) 试块

图 5-13　砂浆试模、试块

3. 黏结强度

砖、石或砌块这类块材靠砂浆来黏结,黏结得越牢固,则整个砌体的强度、整体性和抗震性越好。

1) 保水性能优良,砂浆强度等级越高,黏结强度越高。

2) 与基层材料的粗糙度、清洁度、润湿情况(图 5-14)和养护条件有关。除冬期施工外,砌筑前要浇水湿润,砌块含水率一般为 10%~15%。

4. 耐久性

有抗冻性要求的砌体工程,砌筑砂浆应进行冻融试验。砌筑砂浆的抗冻性应符合下列规定:夏热冬暖地区的抗冻指标为 F15;夏热冬冷地区为 F25;寒冷地区为 F35;严寒地区为 F50。当设计对抗冻性有明确要求时,应符合设计规定。

图 5-14　浇水湿润

另外,水泥砂浆的密度要达到 1900kg/m³,混合砂浆、预拌砂浆的密度要达到 1800kg/m³。

三、砌筑砂浆配合比的选择

水泥混合砂浆配合比一般用计算法设计,水泥砂浆配合比可直接查规范取值,混凝土小型空心砌块配合比可参考水泥砂浆配合比再经验算、调整即可。

1. 水泥混合砂浆配合比设计

水泥混合砂浆配合比设计共有 7 步,与混凝土配合比设计相比较为简单、直接,在确定了配制目标(配制强度)后,逐个确定水泥、石灰膏、砂和水的用量,与混凝土配合比设计的区别是不用求"三大参数"。

1) 确定试配强度 $f_{m,0}$:

$$f_{m,0} = kf_2$$

式中　$f_{m,0}$——砂浆的试配强度,精确至 0.1MPa;

　　　f_2——砂浆强度等级值,精确至 0.1MPa;

　　　k——系数,按表 5-2 取值。

与混凝土配合比设计相比,系数有变化(保证率不一样)。

表 5-2 砂浆强度标准差 σ 及 k 值

施工水平	砂浆强度标准差 σ/MPa							k
	M5	M7.5	M10	M15	M20	M25	M30	
优良	1.00	1.50	2.00	3.00	4.00	5.00	6.00	1.15
一般	1.25	1.88	2.50	3.75	5.00	6.25	7.50	1.20
较差	1.50	2.25	3.00	4.50	6.00	7.50	9.00	1.25

2）计算胶凝材料用量 Q_C：

$$Q_C = 1000 \times (f_{m,0} + 15.09)/3.03 f_{ce}$$

式中 f_{ce}——水泥的实际强度（MPa）。

3）计算石灰膏用量 Q_D：

$$Q_D = Q_A - Q_C$$

式中 Q_A——混合砂浆胶凝材料总量（总量 Q_A 宜在 300~350kg 之间选用，当混合砂浆胶凝材料总量 $Q_A \geqslant 350kg$，则 $Q_C + Q_D = 350kg$）。

上式求得的 Q_D 是稠度 120mm 时的用量，如果施工现场石灰膏稠度数值不同，求得的 Q_D 需要乘以换算系数，见表 5-3。

表 5-3 不同稠度的石灰膏换算系数

石灰膏稠度/mm	120	110	100	90	80	70	60	50
换算系数	1.00	0.99	0.97	0.95	0.93	0.92	0.90	0.88

4）计算砂用量 Q_S。配 1m³ 砂浆拌合物正好用 1m³ 干砂，其他材料填充了砂的空隙。

5）确定用水量。采用逐次加水的方法配制水泥混合砂浆，用水量一般在 240~310kg 取值。

6）确定初步配合比。水泥混合砂浆初步配合比表达形式为 $Q_C : Q_D : Q_S$。

7）试配、调整。当稠度和保水率不能满足要求时，应调整材料用量，直到符合要求为止，然后确定试配时的砂浆基准配合比。

2. 水泥砂浆配合比设计

水泥砂浆配合比设计可直接查表取值（表 5-4），再经试配、调整即可。

表 5-4 水泥砂浆配合比

强度等级	1m³ 砂浆的水泥用量/kg	1m³ 砂浆的砂用量/kg	1m³ 砂浆的用水量/kg
M5	200~230	1m³ 砂的堆积密度值	270~330
M7.5	230~260		
M10	260~290		
M15	290~330		
M20	340~400		
M25	360~410		
M30	430~480		

注：1. M15 及 M15 以下强度等级的水泥砂浆，水泥强度等级为 32.5 级；M15 以上强度等级的水泥砂浆，水泥强度等级为 42.5 级。

2. 当采用细砂或粗砂时，用水量分别取上限或下限。

3. 稠度小于 70mm 时，用水量可小于下限。

4. 施工现场气候炎热或处于干燥季节，可酌量增加用水量。

任务 2　学习抹灰砂浆

抹灰砂浆也称抹面砂浆，用于涂抹在建筑物表面，其作用是保护墙体不受风雨或潮气等侵蚀，提高墙体防潮、防风化和防腐蚀的能力，同时使墙面或地面等建筑部位平整、光滑以及清洁美观。抹灰砂浆可分为普通抹灰砂浆和装饰抹灰砂浆。

一、普通抹灰砂浆

普通抹灰砂浆与底面和空气的接触面越大，失水速度越快，越容易出现脱落和开裂现象，如图 5-15 所示。普通抹灰砂浆的主要技术要求不是针对抗压强度，而是针对和易性，以及与基底材料的黏结力。为了防脱落，胶凝材料用量比砌筑砂浆要多；为了防开裂，可以采用多层施工法，并在面层掺入纤维，如纸筋或麻刀等。

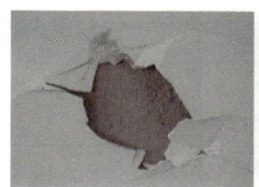
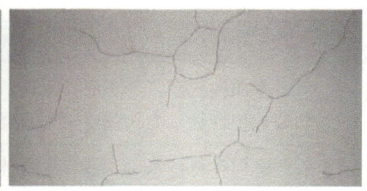

图 5-15　起皮脱落和开裂现象

为保证抹灰层表面平整，避免开裂、脱落，普通抹灰砂浆常按照底层、中层和面层（表 5-5，图 5-16），并按照《抹灰砂浆技术规程》(JGJ/T 220—2010) 的要求进行多层施工；并在面层掺入纤维，如纸筋或麻刀（图 5-17）等。

表 5-5　多层施工法

抹灰层	作用	要求
底层	黏结	稠度较稀，沉入度为 90~110mm
中层	找平	比底层砂浆稍稠，沉入度为 70~90mm
面层	保护、装饰	细砂配制、平整均匀，沉入度为 70~80mm

注：聚合物水泥抹灰砂浆的施工稠度宜为 50~60mm，石膏抹灰砂浆的施工稠度宜为 50~70mm。

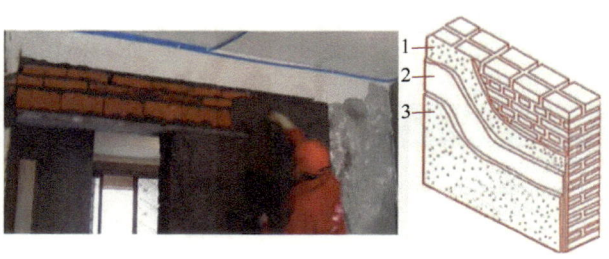

图 5-16　多层施工法
1—底层　2—中层　3—面层

确定抹灰砂浆组成材料及配合比的主要依据是工程使用部位及基层材料的性质。按照《抹灰砂浆技术规程》(JGJ/T 220—2010)，普通抹灰砂浆的品种宜根据使用部位或基体种类按表 5-6 选用，配合比可参照表 5-7 和表 5-8 选用。具体做法可参照各个省的建筑标准设计图集中的工程做法项目。

 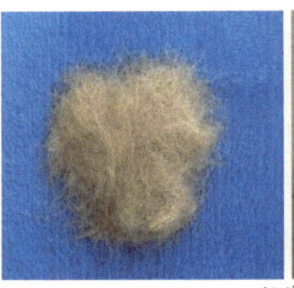 

a) 纸筋　　　　　　　　　　b) 麻刀

图 5-17　纸筋和麻刀

表 5-6　普通抹灰砂浆的品种选用

使用部位或基体种类	抹灰砂浆品种
内墙	水泥抹灰砂浆、水泥石灰抹灰砂浆、水泥粉煤灰抹灰砂浆、掺塑化剂水泥抹灰砂浆、聚合物水泥抹灰砂浆、石膏抹灰砂浆
外墙、门窗洞口外侧壁	水泥抹灰砂浆、水泥粉煤灰抹灰砂浆
温（湿）度较高的车间和房屋、地下室、屋檐、勒脚等	水泥抹灰砂浆、水泥粉煤灰抹灰砂浆
混凝土板和墙	水泥抹灰砂浆、水泥石灰抹灰砂浆、聚合物水泥抹灰砂浆、石膏抹灰砂浆
混凝土顶棚、条板	聚合物水泥抹灰砂浆、石膏抹灰砂浆
加气混凝土砌块（板）	水泥石灰抹灰砂浆、水泥粉煤灰抹灰砂浆、掺塑化剂水泥抹灰砂浆、聚合物水泥抹灰砂浆、石膏抹灰砂浆

表 5-7　水泥抹灰砂浆配合比的材料用量　　　　　　　　　　（单位：kg/m³）

强度等级	水泥	砂	水
M15	330~380	1m³ 砂的堆积密度值	250~300
M20	380~450		
M25	400~450		
M30	460~530		

表 5-8　水泥石灰抹灰砂浆配合比的材料用量　　　　　　　　（单位：kg/m³）

强度等级	水泥	石灰膏	砂	水
M2.5	200~230	(350~400)-水泥用量	1m³ 砂的堆积密度值	180~280
M5	230~280			
M7.5	280~330			
M10	330~380			

课外篇：规范意识

　　普通抹灰砂浆易开裂、易脱落，生活中出现过墙皮脱落砸到人的情况，因此，施工时要多加胶凝材料，采用多层施工法，以防脱落，确保安全。一定要养成按照规范施工的意识，高质量地完成施工作业。

二、装饰抹灰砂浆

涂抹在建筑物内外墙表面,以增加建筑物美观效果的砂浆称为装饰抹灰砂浆,简称装饰砂浆。装饰砂浆的面层应选用具有一定颜色的胶凝材料和集料并采用特殊的施工操作方法,使表面呈现出各种不同的色彩线条和花纹等装饰效果。

装饰砂浆采用的胶凝材料有普通水泥、矿渣水泥、火山灰水泥、白水泥和彩色水泥,以及石灰、石膏等。集料常用带颜色的大理石、花岗石等的细石渣或玻璃、陶瓷碎粒等,如图5-18所示。

1. 拉毛

拉毛是指先用水泥砂浆或水泥混合砂浆做底层,再用水泥石灰砂浆或水泥纸筋灰浆做面层,在面层灰浆尚未凝结之前用铁抹子等工具将表面轻压后顺势轻轻拉起,形成凹凸感较强的饰面层,达到装饰效果,如图5-19所示。

图5-18 彩色水泥、带颜色的细石渣　　　　　图5-19 拉毛

2. 水刷石

水刷石是将水泥和粒径为5mm左右的石渣按比例混合,配制成水泥石灰砂浆后涂抹成型;待水泥浆初凝后,以硬毛刷蘸水刷洗,或喷水冲刷,将表面水泥浆冲走,使石渣半露出来,达到装饰效果。水刷石饰面具有石料饰面的质感效果,主要用于外墙饰面,檐口、腰线、窗套、阳台、雨篷、勒脚及花台等部位也常使用,如图5-20所示。

3. 干粘石

干粘石是在素水泥浆或聚合物水泥砂浆黏结层上,将彩色石渣或石子等直接黏在砂浆层上,再拍平压实的一种装饰抹灰做法,分为人工甩粘和机械喷粘两种。不论哪种施工方法,均要求石子黏结牢固、不脱落、不露浆,石粒的2/3应压入砂浆中。干粘石的装饰效果与水刷石相同,而且避免了湿作业,提高了施工效率,又节约了材料,应用较广泛,如图5-21所示。

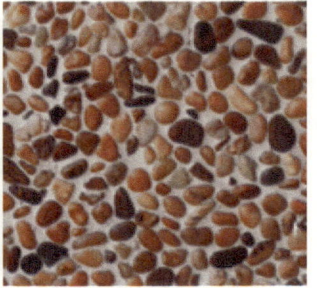

图5-20 水刷石　　　　　图5-21 干粘石

4. 水磨石

水磨石是用普通水泥、白水泥或彩色水泥、有色石渣或白色大理石碎粒、水按适当比例

混合，需要时可掺入适量颜料，经拌和、浇筑、捣实、养护、硬化、表面打磨、草酸冲洗以及干燥后上蜡等工序制成。

水磨石分预制和现制两种。它不仅美观，还有较好的防水和耐磨性能，多用于室内地面，如图5-22所示。

图5-22　水磨石

5. 喷涂

喷涂多用于外墙饰面，是用砂浆泵或喷斗将掺有聚合物的水泥砂浆喷涂在墙面基层或底灰上，形成饰面层；然后在表面再喷一层甲基硅醇钠或甲基硅树脂疏水剂，以提高饰面层的耐久性和减少墙面污染，如图5-23所示。

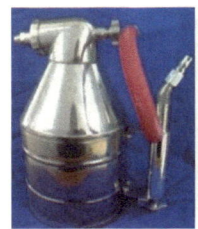

图5-23　喷涂

6. 斩假石

斩假石又称剁斧石，是在水泥砂浆基层上涂抹水泥石渣浆或水泥石屑浆，待其硬化具有一定强度时，用钝斧等工具，在表层上剁斩出纹理。斩假石既有石材的质感，又有精工细作的特点，给人以朴实、自然、素雅和庄重的感觉。斩假石饰面一般用于局部的小面积装饰，如勒脚、台阶、柱面或扶手等，如图5-24所示。

图5-24　斩假石

任务3　了解特种砂浆

一、防水砂浆

防水砂浆和抗渗混凝土一样，属于刚性防水材料，通过提高砂浆的密实性及改进抗裂性来达到防水抗渗的目的，主要用于结构比较稳定，不受振动，不因结构沉降或温（湿）度变化而产生裂缝的防水工程。防水砂浆有三种：刚性多层抹面水泥砂浆、掺防水剂的水泥砂浆、聚合物防水砂浆。

1. 刚性多层抹面水泥砂浆

刚性多层抹面水泥砂浆由水泥净浆和强度等级32.5级以上的普通水泥∶中砂∶水＝1∶（1.5～3）∶0.5配制而成，施工时分层交替抹压密实，使每层的毛细孔通道大部分被切断，无法形成贯通的渗水孔网。硬化后的防水层具有较高的防水和抗渗性能，用于一般的防水工程。

2. 掺防水剂的水泥砂浆

在水泥砂浆中掺入各类防水剂以提高砂浆的防水性能，常用的防水剂有氯化物金属盐类防水剂、水玻璃类防水剂、金属皂类防水剂等。掺防水剂的水泥砂浆的防水效果很大程度上取决于施工质量，施工时一般分五层，每层5mm，初凝前用抹子压实，最后一层压光，并精心养护。

3. 聚合物防水砂浆

用水泥、聚合物分散体作为胶凝材料，与砂混合后可制成聚合物防水砂浆（图5-25）。聚合物可有效地封闭连通的孔隙，增加砂浆的密实性及抗裂性，从而改善砂浆的抗渗性及抗冲击性。常用的聚合物有阳离子氯丁胶乳、有机硅、乙烯-聚醋酸乙烯共聚乳液、丁苯橡胶胶乳以及氯乙烯-偏氯乙烯共聚乳液等。

图5-25 聚合物防水砂浆

聚合物防水砂浆可在潮湿面施工，黏结力比普通水泥砂浆高3~4倍，抗弯强度比普通水泥砂浆高3倍以上，抗裂性能更好。聚合物防水砂浆可在迎水面、背水面、坡面以及异型面起到防水、防腐和防潮作用，黏结力强，不会产生空鼓、开裂或串水等现象。

阳离子氯丁胶乳防水砂浆既可用于防水、防腐，也可用堵漏、修补；可不设置找平层、保护层；一日内能完工，工期短，综合造价低；可在潮湿或干燥基面上施工。阳离子氯丁胶乳防水砂浆力学性能优良，耐日光、臭氧及大气、海水老化，耐油酯、酸、碱及其他化学药品腐蚀，耐热，不延烧，能自熄，抗变形，抗震动，耐磨，气密性和抗水性好，总黏合力大、无毒、无害,可用于饮水池施工使用,施工安全,简单方便,寿命长,长期浸泡在水里寿命达 50 年以上。

二、保温砂浆

常见的保温砂浆主要有两种:

1)无机保温砂浆,如玻化微珠防火保温砂浆、复合硅酸铝保温砂浆和珍珠岩保温砂浆。
2)有机保温砂浆,如胶粉聚苯颗粒保温砂浆。

保温砂浆(图 5-26 和图 5-27)是以各种轻质材料为集料(图 5-28),以水泥为胶凝材料,掺入改性添加剂,经搅拌混合制成的一种预拌干粉砂浆,一般用于建筑表面的保温层施工。

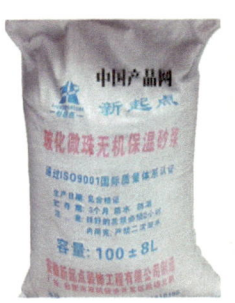 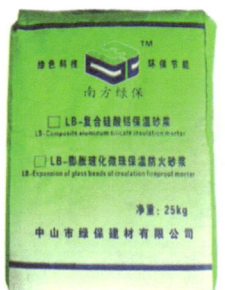 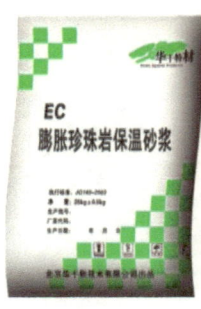 

图 5-26 常见的保温砂浆

图 5-27 保温砂浆

a)玻化微珠　　　　　　　b)聚苯颗粒　　　　　　　c)珍珠岩

图 5-28 轻质集料

保温砂浆中使用较多的是玻化微珠保温砂浆和胶粉聚苯颗粒保温砂浆。其中,玻化微珠保温砂浆具有保温隔热、防火、耐老化、不空鼓、不开裂、强度高和施工方便等特点,是膨胀珍珠岩保温砂浆的升级。胶粉聚苯颗粒保温砂浆具有重量轻、强度高、隔热防水、抗雨水冲刷能力强、水中长期浸泡不松散、热导率低、干密度小、软化系数高、干缩率低、干燥快、整体性强、耐大气老化和耐冻融等特点。复合硅酸铝保温砂浆由于黏结性能及施工质量等存有隐患,是限用建材。

无机保温砂浆与弹性腻子、保温涂料、面砖或勾缝剂按照一定的方式复合在一起,设置

于建筑物表面,起到保温、装饰和保护作用的体系称为无机保温系统,如图5-29所示,它有以下优点:

1)有优良的温度稳定性和化学稳定性,良好的柔性、耐水性,耐大气老化,耐冻融,使用寿命长。

2)施工简便,可现场直接加水调和使用,操作方便;透气性好,呼吸功能强,既防水,又能排出保温层内的水分。

3)适用范围广,全封闭、无接缝、无空腔,无冷(热)桥。

4)绿色环保、无公害。

5)强度高,与基层黏结强度高。

6)防火、阻燃,安全性好。

7)热工性能好,保温性能稳定。

8)防霉效果好。

9)经济性好。

三、吸声砂浆

吸声砂浆(图5-30)是指具有吸声功能的砂浆,常用于室内墙面、屋顶、厅堂墙壁以及顶棚。吸声砂浆一般采用膨胀珍珠岩或膨胀蛭石等轻质多孔材料拌制而成,由于内部孔隙率较大,因此吸声性能十分优良。绝热砂浆也具有多孔结构,因此也具备吸声功能。

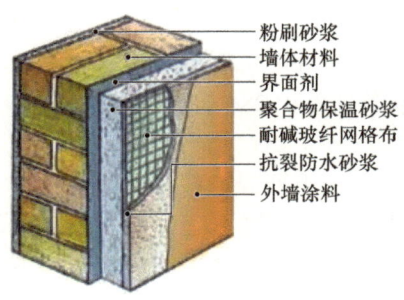

图5-29 无机保温砂浆的构造层次

图5-30 喷涂吸声砂浆

工程中常以水泥:石灰膏:砂:锯末=1:1:3:5(体积比)来配制吸声砂浆;或在石灰、石膏砂浆中掺加玻璃棉、矿棉、有机纤维或棉类物质来达到相同效果。

四、抗裂砂浆

抗裂砂浆由水泥、石英砂和聚合物胶结料配以多种添加剂经机械混合均匀制成,主要用于薄抹灰保温系统中保温层外的抗裂保护层,也称为聚合物抗裂抹面砂浆,如图5-31所示。

抗裂砂浆的特点:

1)防腐性:砂浆防水层具有耐腐蚀、耐碱的效果,可以防止因气候的原因使表面发生损害。

2)黏合力:砂浆中的防水剂对各种混凝土、石、砖等材料有着强大的黏合力。

3)耐磨性:砂浆中的水泥与防水剂形成的防水层,具有耐磨的特点。

4)抗冲击:砂浆中的防水剂在受到冲击时,上面的物质纤维能够防止砂浆出现裂缝,具有很好的抗冲击能力。

5)防水性:砂浆中的防水剂遇到乳液粒子与水泥后会发生化学作用,能够减少砂浆中的空隙，防止水分往内渗透，因而具有很好的防水性。

图 5-31　聚合物抗裂抹面砂浆

任务 4　进行砂浆的检测

一、砌筑砂浆的抽样送检

（1）抽检数量

每一检验批且不超过 250m³ 砌体的各类及各强度等级的普通砌筑砂浆，每台搅拌机应至少抽检一次。

（2）检验方法

在砂浆搅拌机出料口处或在湿拌砂浆的储存容器出料口处随机取样制作砂浆试块（现场拌制的砂浆，同盘砂浆只制作一组试块），试块经标准条件养护 28d 后做强度试验。

（3）评定标准

进行砌筑砂浆试块强度检验时，其强度合格标准应符合下列规定：

1）砌筑砂浆的验收批，同一类型、同一强度等级的砂浆试块不应少于 3 组（每组 3 个试块）；同一验收批砂浆只有 1 组或 2 组试块时，每组试块抗压强度平均值应大于或等于设计强度等级值的 1.10 倍。

2）同一验收批砂浆试块强度的平均值应大于或等于设计强度等级值的 1.10 倍，同一验收批砂浆试块强度的最小值应大于或等于设计强度等级值的 0.85。

二、砂浆稠度的测定

砂浆稠度测定步骤：

1）将滑杆涂刷润滑油，用湿布擦净容器、试锥的表面。

2）将拌和均匀的砂浆一次装入圆锥筒内，筒上口砂浆表面低于容器口 10mm；插捣 25 次（自中心向边缘），轻摇容器或敲击 5~6 下。

3）调节螺栓使试锥尖端与砂浆表面接触，指针调零点；然后突然松开固定螺栓，圆锥体自由沉入砂浆 10s 后读出下沉的距离（mm），即为砂浆的稠度值。

取两次测定结果的算术平均值作为砂浆稠度的测定结果。如两次测定值之差大于 3cm，应重新配料测定。工地上可采用简易测定砂浆稠度的方法：将单个圆锥体的尖端与砂浆表面相接触，然后让圆锥体自由沉入砂浆中，取出圆锥体，用尺直接量出沉入的垂直深度（cm），即为砂浆的稠度。

三、砂浆分层度的测定

砂浆分层度测定步骤（标准法）：

1）按上述砂浆稠度测定的方法测定砂浆拌合物的稠度 $K1$。

2）将砂浆一次装入分层度筒内，装满后，用木锤在 4 个不同部位轻轻敲击 1~2 下，随时添加至满，然后抹平。

3）静置 30min 后，去掉上层的 200mm 高度砂浆，剩余的 100mm 高度砂浆倒出并放在拌合锅内拌 2min，再测其稠度 $K2$。前后测得的稠度之差（$K2-K1$）即为该砂浆的分层度值（mm）。

采用快速法测定分层度时，将分层度筒固定在振动台上，装入砂浆后振动 20s 即可读数。如有争议以标准法为准。

四、砂浆保水率的测定

砂浆保水率测定步骤：

1）称量底部不透水片与干燥试模质量 m_1 和 8 片中速定性滤纸质量 m_2；将砂浆装入试模，并用抹刀插捣数次；用抹刀刮去多余的砂浆，称量试模、底部不透水片与砂浆总质量 m_3。

2）将 2 片医用棉纱覆盖在砂浆表面，再在棉纱表面放上 8 片滤纸；将上部不透水片盖在滤纸表面，以 2kg 的重物把上部不透水片压住。

3）静止 2min 后移走重物及上部不透水片，取出滤纸；迅速称量滤纸质量 m_4，按配合比及加水量计算含水率，有

$$W = \left[1 - \frac{m_4 - m_2}{\alpha \times (m_3 - m_1)}\right] \times 100\%$$

上式中的 α 为砂浆含水率，计算方法是：称取 100g 砂浆拌合物置于干燥并已称重的盘中，在（105±5）℃的烘箱内烘干至恒重，烘干后砂浆样本损失的质量除以砂浆总质量即可得出含水率。

砂浆保水率测定用到的试模、滤纸等如图 5-32 所示。也可以用砂浆保水率测定仪直接测定砂浆保水率，如图 5-33 所示。

图 5-32　试模、滤纸等

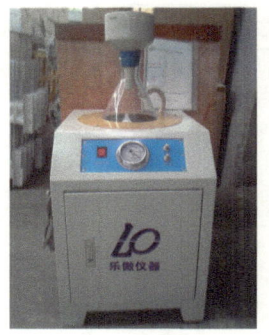

图 5-33　砂浆保水率测定仪

五、砂浆强度的测定

砂浆强度测定步骤：

1）按规定方法成型 3 个边长为 70.7mm×70.7mm×70.7mm 的立方体试块，在（20±5）℃温度下静置（24±2）h 后拆模。

2）在标准养护条件下［温度（20±2）℃，相对湿度≥90%］，用标准方法养护，龄期 28d。

3）测量尺寸，检查外观，计算承压面积；进行抗压强度试验（加载速度：0.25~1.5kN/s），计算抗压强度。

在施工现场,可以使用贯入式砂浆强度检测仪对砌体砂浆的强度进行快速检测,如图 5-34 所示。

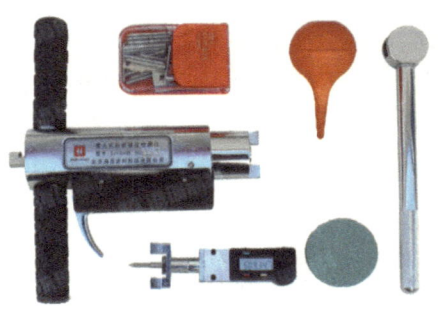
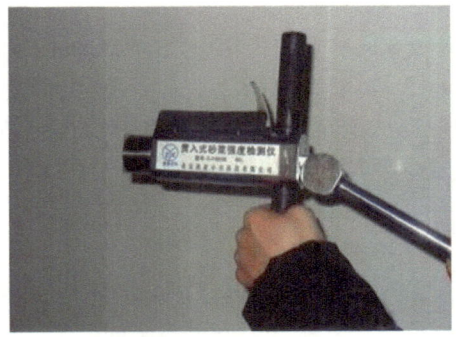

图 5-34　贯入式砂浆强度检测仪

砂浆试块抗压强度检测报告见表 5-9,砂浆配合比检测报告见表 5-10。

表 5-9　砂浆试块抗压强度检测报告

委托单位:××× 　　　　　　　　　　　　　　　　　　　　　　统一编号:××

工程名称	×××			委托日期	2020.01.11
使用部位	综合办公楼地下室、维修车间基坑围护下层			报告日期	2020.01.11
强度等级	M20			试块规格/mm	70.7×70.7×70.7
预拌混凝土生产厂家	×××建材有限公司			砂浆种类	水泥砂浆
养护方法	标准养护			配合比编号	
样品状态	表面平整,无缺棱掉角			检测类别	委托检测
成型日期	破型日期	龄期/d	单块强度值/MPa	强度代表值/MPa	达到设计强度(%)
2019.12.14	2020.01.11	28	44.9	44.4	222
			46.5		
			41.7		
依据标准	《建筑砂浆基本性能试验方法标准》(JGJ/T 70—2009)				
备注	见证单位:×× 见证人:××　　　　　　　　　　取样人:××				
声明	1. 本检测报告无检验检测专用章和计量认证专用章的为无效;无批准、审核、检测人员签字的为无效。 2. 本检测报告结论不含无标准要求的实测结果,该数据仅供委托方参考。 3. 若有异议或需要说明之处,请于出具报告之日起 15 日内书面提出,逾期不予受理。 4. 未经本检验检测机构书面批准,不得复制该报告。 5. 地址:××× 电话:××× 邮政编码:×××				

检测单位:×××建筑工程检测公司　　　　批准:　　　　　　　审核:　　　　　　　检测:

表 5-10　砂浆配合比检测报告

委托单位：					统一编号：	
工程名称				委托日期		
使用部位				报告日期		
设计等级		M5.0		砂浆种类		
要求稠度/mm				检测类别		委托检测
水泥品种及强度等级		P·S·A/32.5 级		报告编号		
砂规格		Ⅱ区；中砂		报告编号		
外加剂种类				报告编号		
掺加料种类				报告编号		
掺合料种类				报告编号		
样品状态		水泥：色泽均匀，粉状无结块；砂：色泽均匀，无明显可见夹杂物				
配合比						
材料名称	水泥	砂	水	掺加料	掺合料	外加剂
用量/(kg/m³)	214	1380	270			
质量配合比	1	6.45	1.26			
实测稠度/mm		保水率（%）		养护方法		标准养护
依据标准		《砌筑砂浆配合比设计规程》(JGJ/T 98—2010)、《建筑砂浆基本性能试验方法标准》(JGJ/T 70—2009)、《预拌砂浆》(GB/T 25181—2019) 和《蒸压加气混凝土墙体专用砂浆》(JC/T 890—2017)				
备注		见证单位：_____ 见证人：_____　　　　　　　取样人：_____				
声明		1. 本检测报告无检验检测专用章和计量认证专用章的为无效；无批准、审核、检测人员签字的为无效。 2. 本检测报告结论不含无标准要求的实测结果，该数据仅供委托方参考。 3. 若有异议或需要说明之处，请于出具报告之日起 15 日内书面提出，逾期不予受理。 4. 未经本检验检测机构书面批准，不得复制该报告。 5. 地址：××× 电话：××× 邮政编码：×××				

检测单位：×××建筑工程检测公司　　批准：　　　　审核：　　　　检测：

项目 6 墙体材料

典型工作任务：

【典型任务1】

某建筑设计有限公司设计的住宅楼图纸的结构设计总说明中对材料的要求摘录如下：

> 1. 地上填充墙采用加气混凝土砌块砌体，砌块强度等级为A3.5，干密度级别为B05。砂浆采用M5混合砂浆。加气混凝土砌块砌体的质量应符合《蒸压加气混凝土砌块》（GB/T 11968—2020）的要求，施工应符合《蒸压加气混凝土制品应用技术标准》（JGJ/T 17—2020）的要求。
>
> 2. 地面以下或防潮层以下直接与土接触的填充墙采用MU20混凝土普通砖。M7.5水泥砂浆砌筑；地面以下或防潮层以下不与土接触的填充墙采用陶粒混凝土砌块、M5水泥砂浆砌筑。

图纸中对地上填充墙和地下填充墙分别采用的砌体材料是什么？砂浆是什么？各具有什么特点和性质？

【典型任务2】

如何进行墙体的见证取样？需要检测哪些项目？如何检测？

典型任务目标：

根据典型工作任务，确定学习任务。确定需要达到的任务目标如下：
1. 能按照国家标准的要求进行普通砖和砌块的取样及试件的制作。
2. 能正确使用检测仪器对普通砖和砌块的各项技术指标进行检测。
3. 能正确填写质量检测报告。
4. 掌握墙体材料的种类及技术性能。
5. 掌握墙体材料的技术标准、特点和应用。
6. 逐步养成自主学习能力，养成严谨的学习与工作态度。
7. 通过本项目学习，能对不断推陈出新的墙体材料产生兴趣并尝试进行创新升级。

课外篇：悠久历史

我国的砌体结构有着悠久的应用历史。举世闻名的万里长城，是两千多年前我国劳动人民用城墙砖和青石建造的伟大工程之一；建于北魏时期的河南登封嵩岳寺塔，塔高37.6m，底层直径10.16m，内径5m余，壁体厚2.5m，为砖砌密檐式塔；建于隋朝的赵州桥，全长

64.4m，拱顶宽9m，拱脚宽9.6m，跨径37.02m，拱矢7.23m，为世界上最早的空腹式石拱桥……所有的这些都是值得我们引以为豪和传承的。

学习任务：

任务1　认识砌墙砖

墙体在房屋建筑中主要起承重、围护和分隔的作用，同时还兼有保温、隔热、吸声、隔声、防水和防火等多种功能。

一、分类

1）砌墙砖按加工工艺分为烧结砖和非烧结砖。

2）砌墙砖按孔洞率（孔洞占的表面面积）分为普通砖（无孔洞或孔洞率≤15%）、多孔砖（孔洞率≥28%）和空心砖（孔洞率≥40%）。

3）砌墙砖按材料分为黏土砖、页岩砖、煤矸石砖、粉煤灰砖、灰砂砖和混凝土砖等。

砌墙砖

二、烧结普通砖

烧结普通砖是以黏土、页岩、煤矸石和粉煤灰为主要原料，经焙烧而成的普通砖。其按主要原料分为黏土砖（N）、页岩砖（Y）、煤矸石砖（M）和粉煤灰砖（F）等。

1. 规格

烧结普通砖的规格一般为240mm×115mm×53mm，其大面为240mm×115mm，条面为240mm×53mm，顶面为115mm×53mm，如图6-1所示。若加上砌筑灰缝厚度10mm，1m³砖砌体理论上需砖4×8×16=512块。

2. 强度等级

烧结普通砖根据抗压强度分为MU10、MU15、MU20、MU25和MU30五个强度等级。一般达到10MPa即可用于承重墙，等级评定见表6-1。

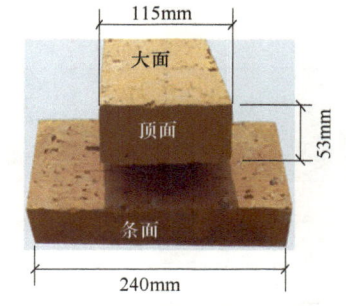

图6-1　烧结普通砖各部位名称及尺寸

表6-1　烧结普通砖强度等级划分　　　　　　　　　　（单位：MPa）

强度等级	抗压强度平均值 $\bar{f}$ ≥	强度标准值 f_k ≥
MU30	30.0	22.0
MU25	25.0	18.0
MU20	20.0	14.0
MU15	15.0	10.0
MU10	10.0	6.5

3. 技术要求

1）抗风化性能是指材料在干湿变化、温度变化、冻融变化等物理因素作用下不被破坏并保持原有性质的能力。用于严重风化区中东北三省、内蒙古、新疆等地区的砖必须进行冻融试验；用于其他地区的砖，其吸水率和饱和系数指标若能达到要求，可认为其抗风化性能合格，不再进行冻融试验，当有一项指标达不到要求时，也必须进行冻融试验。

2）外观质量和尺寸允许偏差应符合《烧结普通砖》(GB/T 5101—2017)的规定，见表6-2和表6-3。

表6-2　烧结普通砖的外观质量要求　　　　　　　　　　　　　　　　（单位：mm）

项目			指标
两条面高度差		≤	2
弯曲		≤	2
杂质凸出高度		≤	2
缺棱掉角的三个破坏尺寸		不得同时大于	5
裂纹长度≤	大面上宽度方向及其延伸至条面的长度		30
	大面上长度方向及其延伸至顶面的长度或条顶面上水平裂纹的长度		50
完整面		≥	一条面和一顶面

注：为砌筑挂浆而施加的凹凸纹、槽、压花等不算作缺陷。凡有下列缺陷之一的，不得称为完整面：
　　1. 缺损在条面或顶面上造成的破坏面尺寸同时大于10mm×10mm。
　　2. 条面或顶面上裂纹宽度大于1mm，其长度超过30mm。
　　3. 压陷、黏底、焦花在条面或顶面上的凹陷或凸出超过2mm，区域尺寸同时大于10mm×10mm。

表6-3　烧结普通砖的尺寸允许偏差　　　　　　　　　　　　　　　　（单位：mm）

公称尺寸	指标	
	样本平均偏差	样本极差≤
240	±2.0	6.0
115	±1.5	5.0
53	±1.5	4.0

3）烧结砖的泛霜。当生产烧结砖的原料中含有可溶性无机盐时，砖吸水后再干燥时，水分会向外迁移，这些可溶性盐随水渗过砖的表面，水分蒸发后便留下白色粉末状的盐，形成白霜，这就是泛霜现象，如图6-2所示。泛霜严重时，会导致烧结砖的抗冻性显著下降。国家标准规定每块砖不得出现严重泛霜。

4）烧结砖的石灰爆裂（图6-3）。烧结砖的原料中夹有石灰石等杂物，经焙烧后砖内形成了颗粒状的石灰块等物质。吸水后，局部体积膨胀，导致砖体开裂甚至崩溃，导致砖体的外观缺陷和强度降低，还可能造成对砌体的严重危害。

烧结砖的石灰爆裂应符合下列规定：

① 破坏尺寸大于2mm且小于或等于15mm的爆裂区域，每组砖不得多于15处。其中大于10mm的不得多于7处。

图6-2　泛霜现象

图6-3　石灰爆裂现象

② 不准许出现最大破坏尺寸大于 15mm 的爆裂区域。
③ 试验后抗压强度损失不得大于 5MPa。

欠火砖是在低温下焙烧成的，黏土颗粒间熔融物少，导致成品砖孔隙率较大、色浅、强度低、吸水率大和耐久性差，敲击时声哑；过火砖由于烧成温度过高，砖软化变形，造成外形尺寸极不规整，色较深，敲击时声清脆。

三、多孔砖与空心砖

1. 烧结多孔砖

烧结多孔砖通常指砖内孔径不大于 22mm，孔洞率不小于 28% 的烧结砖，如图 6-4 所示。

（1）尺寸

图 6-4 烧结多孔砖

常见烧结多孔砖的外形尺寸可为长度 L：290mm、240mm 或 190mm；宽度 B：240mm、190mm、180mm、175mm、140mm 或 115mm；高度 H 为 90mm 的不同组合。

烧结多孔砖内的孔洞，尺寸小且数量多，孔洞分布在大面且均匀合理，孔壁部分砖体较密实，所以强度较高，工程中使用时常以孔洞垂直于承压面。烧结多孔砖的孔洞应符合《烧结多孔砖和多孔砌块》（GB 13544—2011）的规定，见表 6-4。

表 6-4 烧结多孔砖和烧结多孔砌块孔型结构及孔洞率

孔形	孔洞尺寸/mm		最小外壁厚/mm	最小肋厚/mm	孔洞率（%）		孔洞排列
	孔洞宽度尺寸 b	孔洞长度尺寸 L			砖	砌块	
矩形条孔或矩形孔	≤13	≤40	≥12	≥5	≥28	≥33	1. 所有孔宽应相等，孔采用单向或双向交错排列 2. 孔洞排列上下、左右应对称，分布均匀，手抓孔的长度方向尺寸必须平行于砖的条面

注：1. 矩形孔的孔长 L 和孔宽 b 满足 $L ≥ 3b$ 时，为矩形条孔。
2. 孔四个角应做成过渡圆角，不得做成直尖角。
3. 如设有砌筑砂浆槽，则砌筑砂浆槽不计算在孔洞率内。
4. 规格大的砖和砌块应设置手抓孔，手抓孔尺寸为 (30~40)mm×(75~85)mm。

（2）强度等级

烧结多孔砖根据抗压强度分为 MU30、MU25、MU20、MU15 和 MU10 五个强度等级。

2. 烧结空心砖

烧结空心砖简称空心砖，是指以页岩、煤矸石或粉煤灰为主要原料，经焙烧而成的具有竖向孔洞（孔洞率不小于 40%，孔的尺寸大且数量少）的砖，如图 6-5 所示。

（1）尺寸

常见烧结空心砖的外形尺寸：长度为 290mm、240mm 或 190mm，宽度为 240mm、190mm、180mm、175mm、140mm 或 115mm，高度为 90mm。由两两相对的顶面、大面及条面组成直角六面体，其孔洞方向与受力方向垂直。

图 6-5 烧结空心砖

(2) 技术性能

1)按《烧结空心砖和空心砌块》(GB/T 13545—2014)的规定,空心砖依据抗压强度可划分为 MU10、MU7.5、MU5.0 和 MU3.0 四个强度等级。

2)根据空心砖(含孔洞)体积密度可划分为 800、900、1000 和 1100 四个等级。

四、非烧结砖

非烧结砖按照硬化方式可以分为碳化砖、免烧免蒸砖和蒸养砖,常见种类有混凝土实心砖、蒸压灰砂实心砖、蒸压粉煤灰砖和炉渣砖等。非烧结砖一般不耐酸,不耐热,因此不得用于长期受热 200℃ 以上、受急冷急热和有酸性介质侵蚀的建筑部位,也不宜用于有流水冲刷的部位。

1. 蒸压灰砂实心砖

蒸压灰砂实心砖是以石灰和砂为原料(也可加入着色剂或掺和剂),经配料、拌和、压制成型和蒸压养护制成的,如图 6-6 所示。蒸压灰砂实心砖的尺寸规格与烧结普通砖相同,其体积密度为 $1800 \sim 1900 kg/m^3$,热导率约为 $0.61 W/(m·K)$。

按照《蒸压灰砂实心砖和实心砌块》(GB/T 11945—2019)的规定,根据砖浸水 24h 后的抗压强度和抗弯强度划分为 MU30、MU25、MU20、MU15 和 MU10 五个强度等级。

2. 蒸压粉煤灰砖

蒸压粉煤灰砖是指以粉煤灰、石灰或水泥为主要原料,掺加适量石膏和集料经混合料制备、压制成型和养护(高压养护、常压养护或自然养护)制成的粉煤灰砖,如图 6-7 所示。

图 6-6 蒸压灰砂实心砖

图 6-7 蒸压粉煤灰砖

蒸压粉煤灰砖的尺寸与烧结普通砖一致,为 240mm×115mm×53mm,所以用蒸压粉煤灰砖可以直接代替烧结普通砖。

蒸压粉煤灰砖按照抗压强度和抗弯强度划分为 MU30、MU25、MU20、MU15 和 MU10 五个强度等级。

蒸压粉煤灰砖可用于工业与民用建筑的墙体和基础,但用于基础,这种易受冻融和干湿交替作用的部位,强度等级必须为 MU15 及以上。该砖不得用于长期受热 200℃ 以上,受急冷急热和有酸性介质侵蚀的建筑部位。

3. 混凝土实心砖

(1)定义

混凝土实心砖是以水泥和集料,以及根据需要加入的掺合料或外加剂等,经加水搅拌、成型及养护制成的,如图 6-8 所示。

(2)规格、等级、标记

1)规格:同烧结普通砖。

图 6-8 混凝土实心砖

2)密度等级。混凝土实心砖按混凝土自身的密度分为 A 级（≥2100kg/m³）、B 级（1681~2099kg/m³）和 C 级（≤1680kg/m³）三个密度等级。

3)强度等级。混凝土实心砖的抗压强度分为 MU40、MU35、MU30、MU25、MU20 和 MU15 六个等级。

4)标记。混凝土实心砖产品按下列顺序进行标记：代号、规格、强度等级、密度等级和标准编号。例如，SCB 240×115×53 MU25 B GB/T 21144—2007 是指规格为 240mm×115mm×53mm、抗压强度等级为 MU25、密度等级为 B 级、合格的混凝土实心砖。

任务 2 认识砌块

一、分类

砌块

砌块是用于砌筑工程的人造块材，砌块与砖的主要区别是，砌块的长度大于 365mm，宽度大于 240mm 或高度大于 115mm。工程中常用的砌块有混凝土砌块、粉煤灰砌块、石膏砌块、复合砌块等，如图 6-9 所示。砌块有 4 种分类方法：

1)砌块按用途可分为承重砌块和非承重砌块。
2)砌块按有无孔洞可分为实心砌块和空心砌块。
3)砌块按产品规格可分为大型砌块（高度>980mm）、中型砌块（高度为 380~980mm）和小型砌块（高度为 115~380mm）。
4)砌块按生产工艺可分为烧结砌块和蒸养（蒸压）砌块。

a) 混凝土砌块

b) 粉煤灰砌块

c) 石膏砌块

d) 复合砌块

图 6-9 常用砌块

二、蒸压加气混凝土砌块

蒸压加气混凝土砌块是以钙质材料（如水泥、石灰）和硅质材料（如砂子、粉煤灰、矿渣）为主要原材料，加入铝粉作加气剂，经加水搅拌、浇筑成型、发气膨胀以及预养切割，再经高压蒸汽养护制成的多孔硅酸盐砌块，如图 6-10 所示。

图 6-10 蒸压加气混凝土砌块

1. 一般规格

蒸压加气混凝土砌块的一般规格见表 6-5。

表 6-5 蒸压加气混凝土砌块的一般规格

长度 L/mm	宽度 B/mm	高度 H/mm
600	100、120、125、150、180、200、240、250、300	200、240、250、300

注：如需其他规格，可由供需双方协商确定。

2. 主要技术要求

根据《蒸压加气混凝土砌块》（GB/T 11968—2020）的规定，蒸压加气混凝土砌块按尺寸偏差分为Ⅰ型和Ⅱ型。其中，Ⅰ型适用于薄灰缝砌筑，Ⅱ型适用于厚灰缝砌筑。

1）蒸压加气混凝土砌块的强度级别和干密度级别见表 6-6。蒸压加气混凝土砌块按抗压强度分为 A1.5、A2.0、A2.5、A3.5、A5.0 五个级别，强度为 A1.5、A2.0 的适用于建筑保温；按干密度分为 B03、B04、B05、B06、B07 五个级别，干密度级别为 B03、B04 的适用于建筑保温。

表 6-6 蒸压加气混凝土砌块的强度级别和干密度级别

强度级别	抗压强度/MPa		干密度级别	平均干密度/(kg/m³)
	平均值	最小值		
A1.5	≥1.5	≥1.2	B03	≤350
A2.0	≥2.0	≥1.7	B04	≤450
A2.5	≥2.5	≥2.1	B04	≤450
			B05	≤550
A3.5	≥3.5	≥3.0	B04	≤450
			B05	≤550
			B06	≤650
A5.0	≥5.0	≥4.2	B05	≤550
			B06	≤650
			B07	≤750

2）蒸压加气混凝土砌块的外观质量见表 6-7。

表 6-7　蒸压加气混凝土砌块的外观质量

项目			I 型	II 型
缺棱掉角	最小尺寸/mm	≤	10	30
	最大尺寸/mm	≤	20	70
	三个方向尺寸之和不大于 120mm 的掉角个数/个	≤	0	2
裂纹长度	裂纹长度/mm	≤	0	70
	任意面不大于 70mm 的裂纹条数/条	≤	0	1
	每块裂纹总数/条	≤	0	2
损坏深度/mm		≤	0	10
表面疏松、分层、表面油污			无	无
平面弯曲/mm		≤	1	2
直角度/mm		≤	1	2

3. 特性

蒸压加气混凝土砌块具有多孔轻质，保温隔热性能好，隔声性能好，抗震性强，耐火性好，易于加工，施工方便等优点；但同时也具有吸水导湿缓慢，干燥收缩较大，耐蚀性较差等缺点。

蒸压加气混凝土砌块适用于低层建筑的承重墙、多层建筑的间隔墙和高层框架结构的填充墙，以及一般工业建筑的围护墙。作为保温隔热材料也可用于复合墙板和屋面结构中。在无可靠的防护措施时，蒸压加气混凝土砌块不得用于水中、高湿度和有侵蚀介质的环境中，也不得用于建筑物的基础和温度长期高于 80℃ 的建筑部位。

三、混凝土小型空心砌块

混凝土小型空心砌块主要是以普通混凝土拌合物为原料，经成型和养护制成的空心砌块，如图 6-11 所示。

图 6-11　混凝土小型空心砌块

混凝土小型空心砌块的主要规格为 390mm×190mm×190mm，此外还有辅助规格。按所用集料不同，混凝土小型空心砌块分为普通混凝土小型空心砖块和轻集料混凝土小型空心砌块。常用轻集料有天然轻集料，如浮石和砂；工业废渣轻集料，如煤渣；人造轻集料，如陶粒和砂。轻集料混凝土小型空心砌块是综合性能较好的节能墙体材料。

轻集料混凝土小型空心砌块是由水泥、砂（轻砂或普通砂）、轻粗集料和水等经搅拌和成型制得的。

轻集料混凝土小型空心砌块根据《轻集料混凝土小型空心砌块》(GB/T 15229—2011)的规定,其强度等级分为 MU10.0、MU7.5、MU5.0、MU3.5 和 MU2.5 共五个等级;其密度等级分为 700、800、900、1000、1100、1200、1300、1400 八个等级。

混凝土小型空心砌块适用于抗震设防烈度为 8 度和 8 度以下地区的一般民用与工业建筑。

任务3　认识墙板

一、分类

墙板分轻质面板(薄板)和条板两种。薄板常见品种有纸面石膏板、纤维增强硅酸钙板、水泥木屑板和水泥刨花板等,如图 6-12 所示。常见的条板有石膏空心条板、加气混凝土空心条板和轻质空心隔墙板(图 6-13)等。

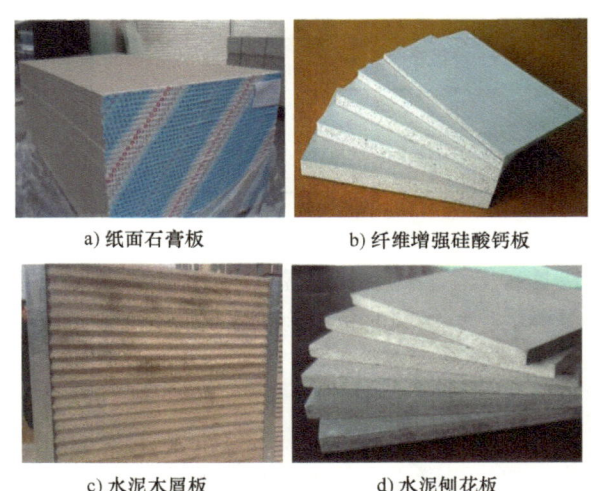

a) 纸面石膏板　　b) 纤维增强硅酸钙板

c) 水泥木屑板　　d) 水泥刨花板

图 6-12　薄板

二、轻质复合墙板

轻质复合墙板一般是由强度和耐久性较好的普通混凝土板或金属板作结构层或外墙面板,采用矿棉、聚氨酯棉、聚苯乙烯泡沫塑料和加气混凝土作保温层,采用各类轻质板材作面板或内墙面板,主要有以下几类:

1. 玻璃纤维增强水泥轻质多孔隔墙条板

玻璃纤维增强水泥(简称 GRC)轻质多孔隔墙条板是以低碱水泥为胶结料,耐碱玻璃纤维或其网格布为增强材料,膨胀珍珠岩为轻集料(也可用炉渣、粉煤灰等),并配以发泡剂和防水剂等,经配料、搅拌、浇筑、振动成型、脱水及养护制成,如图 6-14 所示。该板具有质量轻,强度高,防火性好,防水和防潮性好,抗震性好,干缩变形小,制作简便和安装快捷等特点。

图 6-13　轻质空心隔墙板

图 6-14　玻璃纤维增强水泥轻质多孔隔墙条板

2. 轻型复合板

轻型复合板是以绝热材料为芯材，以金属材料或非金属材料为面材，经不同方式复合制成，可分为工厂预制和现场复合两种。

1）钢丝网架水泥夹芯板（图6-15），按芯材不同分为聚苯乙烯泡沫、岩棉、矿渣棉和膨胀珍珠岩等板型，面层以水泥砂浆抹面。此类板材包含了泰柏系列、3D板系列和岩棉舒乐舍板等。

2）金属面夹芯板，按芯材不同分为聚苯乙烯泡沫塑料、硬质聚氨酯泡沫塑料、岩棉、矿渣棉、酚醛泡沫塑料和玻璃棉等板型，如图6-16所示。

图6-15 钢丝网架水泥夹芯板

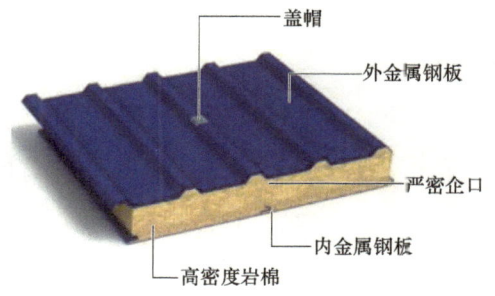

图6-16 金属面夹芯板

任务4 进行砖、砌块的检测

一、普通砖的检测

1. 质量检测项目

1）尺寸偏差和外观质量检测。
2）抗压强度检测。

2. 取样

混凝土实心砖试验

烧结普通砖每3.5万~15万块为一批，烧结多孔砖每5万块为一批，烧结空心砖每3万块为一批，作为强度检验的样品。从尺寸偏差和外观质量检查合格的样品中按随机抽样法抽取15块（普通砖10块）用来检验抗压强度，其中烧结多孔砖的抗压强度和抗弯强度检验各5块（备用5块），空心砖大面抗压强度和条面抗压强度检验各5块（备用5块）。

3. 普通砖尺寸偏差与外观质量检测

（1）主要仪器设备

砖用卡尺（图6-17）、钢直尺。

（2）检测步骤

1）砖的尺寸偏差测量。长度和宽度应在砖的两个大面的中间处分别测量两个尺寸；高度应在两个条面的中间处分别测量两个尺寸，以钢直尺测量，如图6-18所示。当被测处有缺陷或凸起时，可在其旁边测量，但应选择不利的一侧，精确至0.5mm。每一方向尺寸以两个测量值的算数平均值表示。

2）砖外观质量检查：缺损。缺棱掉角在砖上造成的破损程度，以破损部分对长、宽、高三个棱边的投影尺寸来度量，称为破坏尺寸，以钢直尺测量，如图6-19所示。缺损造成的破坏面，是指缺损部分对条面、顶面（空心砖为条面、大面）的投影面积，如图6-20所示。空心砖内壁残缺及肋残缺的尺寸，以长度方向的投影尺寸来度量。

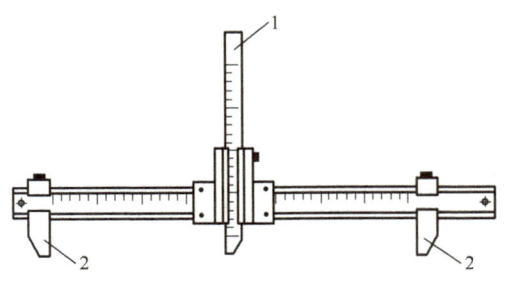
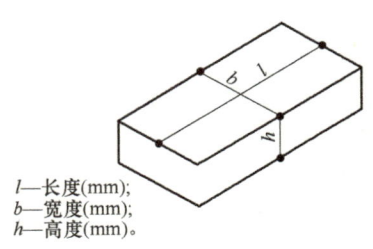

图 6-17　砖用卡尺
1—垂直尺　2—支脚

l—长度(mm);
b—宽度(mm);
h—高度(mm)。

图 6-18　尺寸量法

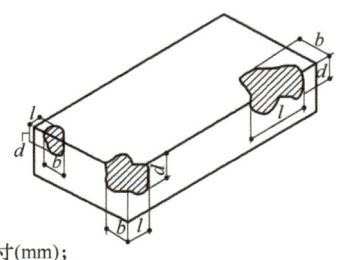
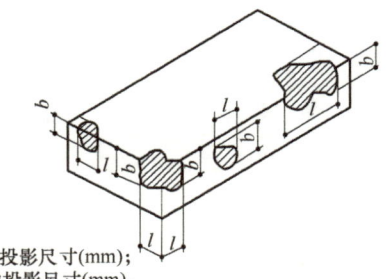

l—长度方向的投影尺寸(mm);
b—宽度方向的投影尺寸(mm);
d—高度方向的投影尺寸(mm)。

图 6-19　缺棱掉角破坏尺寸量法

l—长度方向的投影尺寸(mm);
b—宽度方向的投影尺寸(mm)。

图 6-20　缺损在条面、顶面上造成的破坏面量法

3）砖外观质量检查：裂纹。裂纹分为长度方向、宽度方向和水平方向三种，以被测方向的投影长度表示。如果裂纹从一个面延伸至其他面上时，则累计其延伸的投影长度，以钢直尺测量，如图 6-21 所示。

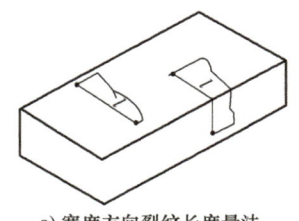
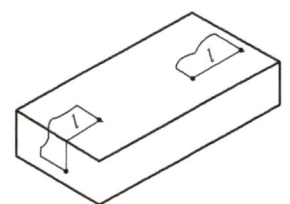
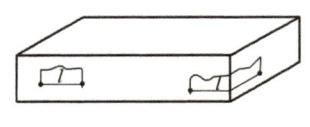

a）宽度方向裂纹长度量法　　b）长度方向裂纹长度量法　　c）水平方向裂纹长度量法

图 6-21　裂纹长度量法

裂纹长度以在三个方向上分别测得的最长裂纹作为测量结果。

4）砖外观质量检查：弯曲。弯曲分别在大面和条面上测量，测量时将砖用卡尺的两个卡脚沿棱边两端放置，择其弯曲最大处将垂直尺推到砖面，但不应将因杂质或碰伤造成的凹处计算在内。以在弯曲中测得的较大值作为测量结果。

5）砖外观质量检查：杂质凸出高度。杂质在砖面上造成的凸出高度，以杂质距砖面的最大距离表示。测量时将砖用卡尺的两个卡脚置于凸出杂质两边的砖平面上，以砖用卡尺测量，如图 6-22 所示。

（3）检测结果

1）砖的尺寸偏差：检测结果分别以长度、宽度和高度 3 个测定值的算数平均值作为最终检测结果,并按规定计算样本平均偏差和样本极差,精确至1mm,不足1mm的按1mm计。

2) 砖的外观测量以mm为单位,不足1mm的按1mm计。

4. 普通砖抗压强度检测

(1) 主要仪器设备

1) 材料试验机。试验机的示值误差不大于±1%,其下加压板应为球形铰支座,预期最大破坏荷载应在量程的20%~80%。

2) 抗压试件制备平台。试件制备平台必须平整水平,可用金属或其他材料制作。

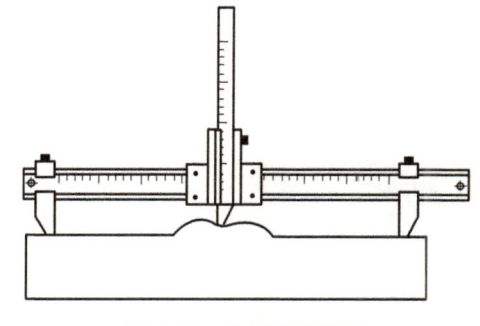

图6-22 杂质凸出量法

3) 水平尺。水平尺规格为250~300mm。

4) 钢直尺。钢直尺分度值为1mm。

(2) 试样制备

试样切断或锯成两个半截砖,断开的半截砖长不得小于100mm,如图6-23所示。如果不足100mm,应另取备用试样补足。

在试样制备平台上,将已断开的半截砖放入室温的净水中浸10~20min后取出,并以断口相反方向叠放,两者之间用厚度不超过5mm的水泥净浆黏结。水泥净浆采用强度等级为32.5MPa的普通硅酸盐水泥调制,要求稠度适宜。顶、底两面用厚度不超过3mm的同种水泥净浆抹平。用水平尺检测制成的试件顶、底两面须互相平行,并垂直于侧面,如图6-24所示。试件应放在温度不低于10℃的不通风室内养护3d后再进行试验。

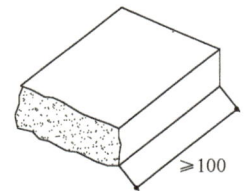

图6-23 半截砖尺寸要求

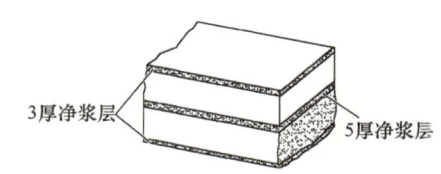

图6-24 砖抗压试件示意

(3) 试验步骤

1) 用钢直尺测量每个试件连接面或受压面的长、宽尺寸各两个,分别取其平均值,精确至1mm。

2) 分别将10块试件平放在试验机加压板的中央,垂直于受压面加载,加载过程应均匀平稳,不得发生冲击或振动。加载速度为(5±0.5)kN/s,直至试件破坏为止,记录最大破坏荷载F(单位为N)。

(4) 试验结果

1) 计算10块砖的抗压强度值,精确至0.1MPa。

2) 计算10块砖强度变异系数和抗压强度的平均值与标准值。

3) 强度等级评定:当变异系数$\delta \leq 0.21$时,按实际测定的砖抗压强度平均值和强度标准值,根据标准规定的强度等级指标评定砖的强度等级。

普通砖检测报告见表6-8。

表 6-8 普通砖检测报告

委托单位：					统一编号：	
工程名称				委托日期		
使用部位				报告日期		
试样名称				强度等级		
生产厂家				代表批量		
规格/mm				检测类别		
样品状态						
抗压强度	强度平均值/MPa		强度标准值/MPa		强度标准差/MPa	变异系数
	标准要求	实测结果	标准要求	实测结果		
密度/(kg/m³)	标准要求		实测结果			
依据标准						
检测结论						
备注	见证单位：					
	见证人：			取样人：		
声明	1. 本检测报告无检验检测专用章和计量认证专用章的为无效；无批准、审核、检测人员签字的为无效。 2. 本检测报告结论不含无标准要求的实测结果，该数据仅供委托方参考。 3. 若有异议或需要说明之处，请于出具报告之日起 15 日内书面提出，逾期不予受理。 4. 未经本检验检测机构书面批准，不得复制该报告。 5. 地址：　　　　电话：　　　　邮政编码：					
检测单位：		批准：		审核：		检测：

二、蒸压加气混凝土砌块检测

1. 质量检测项目

抗压强度和干密度。

2. 检验批

按同品种、同规格和同等级的 1 万块为一批，不足 1 万块也作为一批。用随机取样法从外观质量和尺寸偏差检验合格的样品中抽取 3 组共 9 块进行抗压强度试验。

3. 取样规定

同品种、同规格和同等级的砌块，以 1 万块为一批，随机抽取 50 块砌块，进行尺寸偏差和外观检验。

4. 仪器设备

1）材料试验机，试验机的相对误差不大于±1%，其下加压板为球形铰支座，预期最大破坏荷载在量程的 20%～80%。

2）钢直尺。

3）托盘天平。

4）电热鼓风干燥箱，工作温度 0~200℃。

5）低温箱。

6）恒温水槽，水温（20±5）℃。

5. 试验操作

（1）试验的准备

1）随机抽取 50 块砌块，进行尺寸偏差和外观检验。

2）从外观和尺寸偏差检验合格的砌块中，随机抽取 6 块砌体制作试件，进行如下项目检验：干密度（3 组 9 块）、强度级别（3 组 9 块）。

（2）试样制备

1）试样制备要采用机锯或刀锯，锯取时不得把试样弄湿。

2）测定体积密度、抗压强度时，要沿制品发气方向的中心部分按上、中、下顺序锯取一组："上"块上表面距制品的顶面 30mm，"中"块在制品正中处，"下"块下表面离制品底面 30mm。制品的高度不同，试样的间隔不同。

3）试样必须逐块编号，并且要标明锯取部位和发气方向。同时，在锯取时要保持试样的外形，如为立方体试样必须是正立方体，表面必须平整，不应有裂缝或明显缺陷，尺寸允许偏差为±2mm；试样承压面的平面度偏差是每 100mm 不超过 0.1mm，承压面与相邻面的垂直度偏差不能超过±10mm。

4）试件为 100mm×100mm×100mm 的正立方体，共 6 组 18 块。

（3）干密度和含水率的测定

1）取试件一组 3 块，用钢直尺量取长、宽和高三个方向的轴线尺寸，精确至 1mm，计算试件的体积；并用托盘天平称取试件质量 m，精确至 1g。

2）将试件放入电热鼓风干燥箱内，在（60±5）℃下保温 24h，然后在（80±5）℃下保温 24h，再在（105±5）℃下烘至恒质（m_0）。恒质是指在烘干过程中间隔 4h 前后两次质量差不超过试件质量的 0.5%，可利用含水率公式进行计算。

（4）抗压强度的测定

1）首先检查试样外观是否平整，然后测量每个试样的长、宽尺寸各两个，分别取其平均值，精确至 1mm，并计算出试样的受压面面积 A_1。

2）打开总电源，起动试验机。根据试验可能达到的最大作用力，选择合适的档位，一般以最大作用力不超过被选量程的 80% 作为选择的原则。启动电源，起动液压泵，预热 10min，待系统进入稳定状态后，将试样平放在材料试验机的下压板的中心位置，试样的受压方向应垂直于制品发气方向。

3）开动试验机，当上压板与试件接近时，调整球形铰支座，使接触均衡；然后以（2.0±0.5）kN/s 的速度连续、均匀地加载，直至试件破坏，记录破坏荷载；卸下已破坏的试样，直到所有试样试验完毕。

4）关闭液压泵，关掉电源，关闭试验机，关掉总电源，将仪器清理干净。

6. 试验结果评定

（1）尺寸允许偏差

每一方向尺寸以两个测量值的算术平均值表示，精确到 1mm，蒸压加气混凝土砌块尺寸允许偏差见表 6-9。

表 6-9 蒸压加气混凝土砌块尺寸允许偏差　　　　　　　　　　　（单位：mm）

项目	Ⅰ型	Ⅱ型
长度 L	±3	±4
宽度 B	±1	±2
高度 H	±1	±2

（2）外观质量

外观质量以 mm 为单位，不足 1mm 的按 1mm 计，蒸压加气混凝土砌块外观质量要求见表 6-7。

（3）抗压强度

1）每块试样的抗压强度 f_{cc} 按下式计算，精确到 0.01MPa：

$$f_{cc}=\frac{P}{LB}$$

式中　f_{cc}——抗压强度（MPa）；
　　　P——最大破坏荷载（N）；
　　　L——受压面（连接面）的长度（mm）；
　　　B——受压面（连接面）的宽度（mm）。

2）试验结果以试样的算术平均值或单块最小值表示，精确到 0.1MPa。蒸压加气混凝土砌块的抗压强度应符合表 6-6 的规定。蒸压加气混凝土砌块的强度级别应符合表 6-6 的规定。

（4）干密度

1）每块试样的干密度 ρ_0 按下式计算，精确至 0.1kg/m³：

$$\rho_0=\frac{G_0}{LBH}\times 10^9$$

式中　ρ_0——干密度（kg/m³）；
　　　G_0——试样干质量（kg）；
　　　L——试样长度（mm）；
　　　B——试样宽度（mm）；
　　　H——试样高度（mm）。

2）试验结果以试样密度的算术平均值表示，精确至 0.1kg/m³。蒸压加气混凝土砌块的干密度技术指标应符合表 6-6 的要求。

蒸压加气混凝土砌块检测报告见表 6-10。

表 6-10 蒸压加气混凝土砌块检测报告

委托单位：××　　　　　　　　　　　　　　　　　　　　　　　　　　　统一编号：××

工程名称	×××	委托日期	2020.11.23
使用部位	二次结构	报告日期	2020.11.28
试样名称	蒸压加气混凝土砌块	强度等级	A3.5
生产厂家	×××墙体材料厂	密度等级	B06
规格/mm	600×250×200	代表批量	1 万块
样品状态	表面平整、无裂缝、发气方向标志清晰	检测类别	委托检测

（续）

抗压强度	强度平均值/MPa		单组最小值/MPa		强度标准差/MPa	变异系数
	标准要求	实测结果	标准要求	实测结果		
	≥3.5	4.1	≥2.8	3.8	—	—
密度/(kg/m³)	标准要求		≤625	实测结果		615
依据标准	《蒸压加气混凝土砌块》(GB/T 11968—2020)					
检测结论	蒸压加气混凝土砌块所检指标符合强度等级 A3.5、密度等级 B06 标准要求。					
备注	见证单位：××× 见证人：×××　　　　　　　　　取样人：×××					
声明	1. 本检测报告无检验检测专用章和计量认证专用章的为无效；无批准、审核、检测人员签字的为无效。 2. 本检测报告结论不含无标准要求的实测结果，该数据仅供委托方参考。 3. 若有异议或需要说明之处，请于出具报告之日起 15 日内书面提出，逾期不予受理。 4. 未经本检验检测机构书面批准，不得复制该报告。 5. 地址：×××　电话：×××　邮政编码：×××					

检测单位：×××建筑工程检测公司　　　批准：　　　　　审核：　　　　　检测：

项目 7 建筑钢材

典型工作任务：

【典型任务1】

某建筑设计有限公司设计的某住宅楼图纸的结构设计总说明中对材料的要求摘录如下：

> 1. 钢筋要求：
> 1）钢筋的强度标准值应具有不小于95%的保证率，并应符合抗震性能要求。
> 2）钢筋符号：HPB300（Φ）、HRB400（Φ）、HRB400E（Φ）。
> 3）本工程的框架梁、柱及斜撑构件（含楼梯的梯段板）的纵向受力钢筋应采用HRB400E钢筋，并满足下列要求：钢筋的抗拉强度实测值与屈服强度实测值的比值不应小于1.25，钢筋的屈服强度实测值与屈服强度标准值的比值不应大于1.3，且钢筋在最大拉力下的总伸长率实测值不应小于9%。HPB300钢筋在最大拉力下的总伸长率实测值不应小于10%。
> 4）在施工中，当需要以强度等级较高的钢筋替代原设计中的纵向受力钢筋时，应按照钢筋受拉承载力设计值相等的原则换算，并应满足最小配筋率要求。
> 2. 焊条选用要求：
> 1）钢筋焊接焊条的选用及焊接质量应满足《钢筋焊接及验收规程》（JGJ 18—2012）的要求。
> 2）细晶粒热轧带肋钢筋以及直径大于28mm的带肋钢筋，其焊接应经试验确定；余热处理钢筋不宜用于焊接。
> 3. 吊钩、吊环、受力预埋件的锚筋严禁使用冷加工钢筋。吊环直径大于14mm的应采用Q235B圆钢。
> 4. 型钢、钢板、钢管：除图中注明者外，均选用Q235B级钢。钢筋与型钢以钢筋牌号确定焊条型号。
> 5. 钢筋机械连接接头的选用应满足《钢筋机械连接技术规程》（JGJ 107—2016）的要求。

图纸中对钢筋、吊环、型钢、钢板等的材质要求是基于什么因素考虑的？这些材料应具有什么样的性能和特点？

【典型任务2】

某建筑设计有限公司设计的某钢结构厂房图纸的结构设计总说明中对材料的要求摘录如下：

项目 7 建筑钢材

> 一、结构概况
> 1. 本工程为一层轻型门式刚架结构；双坡单跨；跨度为 18m；基本柱距为 6.6m；檐口高度 6.60m。
> 2. 屋面采用复合彩色压型钢板围护；墙面 ±0.000m 以上为复合彩色压型钢板，±0.000m 以下为砌体围护结构。
>
> 二、材料
> 1. 选用标准图集的构件应按图集要求施工。
> 2. 钢材
> 1) 本工程钢架梁、柱、梁、柱端头板，加劲板，屋面支撑，柱间支撑及节点板，均采用 Q235B 级钢。
> 2) 钢材的抗拉强度实测值与屈服强度实测值的比值应不小于 1.2。钢材应具有明显的屈服台阶，且伸长率应大于 20%。钢材应具有良好的焊接性和合格的冲击韧性。
> 3) 高强度螺栓、螺母和垫圈采用《优质碳素结构钢》(GB/T 699—2015) 中规定的钢材制作；其热处理、制作和技术要求应符合《钢结构用高强度大六角头螺栓、大六角螺母、垫圈技术条件》(GB/T 1231—2006) 的规定，本工程刚架构件现场连接采用 10.9 级扭剪型高强度螺栓，高强度螺栓结合面不得涂装，采用钢丝刷除浮锈处理法进行处理，摩擦面抗滑移系数为 0.45。

图纸中的彩色压型钢板是什么材料？抗拉强度、屈服强度等性能指标的含义是什么？

【典型任务 3】

热轧钢筋如何进行见证取样？应检测哪些项目？如何检测？如何判断钢材的质量是否达到图纸的要求？

典型任务目标：

根据典型工作任务，确定学习任务。确定需要达到的任务目标如下：
1. 会按照国家标准的要求进行钢材的检测，根据热轧钢筋的性能检测报告进行质量判断。
2. 能根据工程特点及要求合理使用建筑钢材（尤其是钢筋）。
3. 能根据工程特点及要求合理采取钢材防锈蚀和防火的技术措施。
4. 掌握钢材的分类及技术性能。
5. 掌握钢材、型钢、钢筋的牌号、特点与应用。
6. 通过本项目的学习，树立科学求实的态度，钢材的质量对建筑的质量影响很大，在钢材的检测过程中，应本着实事求是的科学态度对待检测结果，绝对不允许弄虚作假，应担负起建筑从业人员应有的责任。

学习任务：

任务 1　学习钢材的分类

一、钢材的供应形式

钢材的种类

钢材是重要的战略物资，关系到一个国家工业、农业和国防等各方面的发展。钢材在建筑中的应用主要有两种形式：钢结构用钢，如各种型钢、钢板和钢管等，如图 7-1 和图 7-2 所示；钢筋混凝土工程用钢，如各种钢筋、钢丝和钢绞线等，如图 7-3 和图 7-4 所示。

图 7-1　钢结构

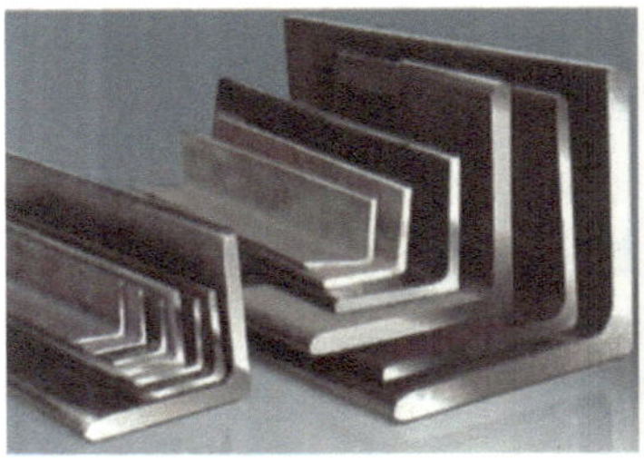

a) 角钢 　　　　　　　　b) 槽钢 　　　　　　　　c) 工字钢

d) 方钢 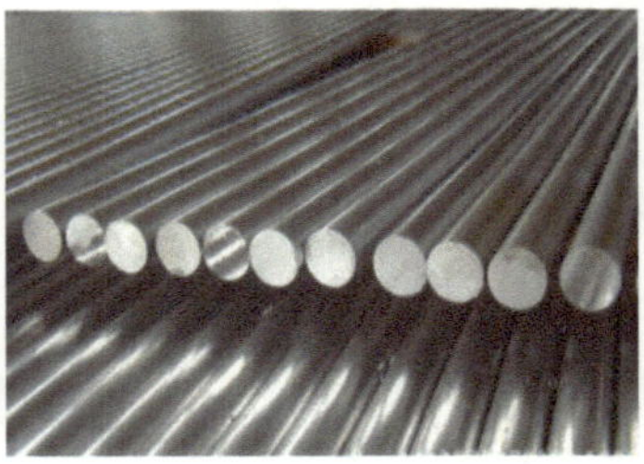　　　　　　　　e) 圆钢 　　　　　　　　f) 六角钢

g) H型钢 　　　　　　　h) 钢板 　　　　　　　　i) 钢管

图 7-2　钢结构用钢

图 7-3　钢筋混凝土结构

图 7-4 钢筋混凝土工程用钢

二、钢材的优（缺）点

1. 钢材的优点

1）质量均匀，性能可靠，适合于铸造、锻造、切割、压力加工，也可用铆接和焊接等多种连接方式进行装配式施工。

2）强度与硬度较高，具有各向同性。抗拉、抗压、抗弯、抗剪与抗扭性能一致，适合于制作多种承载力较大的构件和结构。

3）塑性与韧性好。常温下能承受较大的塑性变形，便于冷拉、冷拔和冷轧等多种冷加工；常温下可以承受较大的冲击作用，适合于制作吊车梁等承受动荷载的结构和构件。

4）易于装拆，施工速度快。

2. 钢材的缺点

1）易锈蚀。钢筋混凝土结构中的混凝土要有足够的保护层厚度来保护钢筋，钢结构的表面要涂刷防锈漆。

2）维护费用高。

3）耐热性差。随着温度的升高，钢材的强度降低，变形增大，温度达到600℃时就会失去承载能力，导致钢柱、钢梁弯曲，最后因变形过大而不能继续使用。

因此，钢材在保管和使用时要注意防锈蚀、防高温。

三、钢铁是怎样炼成的

铁矿石在炼铁高炉里冶炼成铁,铁在炼钢高炉里冶炼成钢。钢材与生铁的区别:

| 生铁:一般碳的质量分数在 2% 以上,含硫、磷等杂质多;强度低、韧性差、容易脆断;可加工性差、焊接性差 | → 降碳除杂(硫、磷),生成矿渣漂浮
高温氧化再脱氧(加硅铁、锰铁) → | 钢:碳的质量分数在 2% 以下;强度高、韧性好;可加工性好、焊接性好 |

炼钢高炉如图 7-5 所示,浇注钢液如图 7-6 所示。

图 7-5 炼钢高炉

图 7-6 浇注钢液

课外篇:强国园地

改革开放 40 多年来,中国钢铁工业发生了翻天覆地的变化,取得了举世瞩目的成就,品种不断增加、结构不断优化、质量不断改善,钢材产量已经连续多年居全球第一位,有力地支撑了国民经济各行各业的发展。城市中出现了越来越多的具有强烈视觉冲击力的现代化钢结构,大跨度桥梁、场馆气势恢宏,钢结构高楼大厦鳞次栉比。青年人要厚植爱国精神,立志为祖国建设事业的不断发展而努力奋斗。

四、钢材的分类

根据脱氧程度,钢材可分为沸腾钢 F、镇静钢 Z(可不注)和特殊镇静钢 TZ(可不注),如图 7-7 所示。镇静钢因为脱氧彻底,所以在浇注时平静和缓,形成的钢材致密均匀,很少有杂质和缺陷的聚集,强度高,耐蚀性、冲击韧性好。

图 7-7 沸腾钢、镇静钢和特殊镇静钢

按照化学成分,钢材分为两类:碳素钢和合金钢。碳素钢根据碳的质量分数分为高碳钢(0.6%~2%)、中碳钢(0.25%~0.6%)和低碳钢(0.04%~0.25%)。合金钢根据合金元素的质量分数分为高合金钢、中合金钢和低合金钢。中合金钢的合金元素的质量分数范围是

5%~10%。合金元素主要有硅（Si）、锰（Mn）、钛（Ti）、钒（V）、铬（Cr）和镍（Ni）等。

碳的质量分数低于0.04%的属于工业纯铁（很软），高于2%的属于生铁。

钢材按照有害杂质硫和磷的质量分数分为普通钢和优质钢，硫和磷的质量分数均在0.035%以下的钢称为优质钢。

任务2　学习钢材的主要性能

钢材从加工到使用所表现出来的性能包括：

1）使用性能，是指钢材在使用过程中所表现出来的性能，主要指力学性能。力学性能包括强度（拉、压、弯、剪）、弹性、塑性、硬度、韧性和疲劳强度等，本书主要介绍拉伸性能。

2）工艺性能，是指钢材在加工过程中所表现出来的性能，如冷弯性、焊接性和切削加工性等，本书主要介绍冷弯性能。

一、拉伸性能

1. 两类现象

通过试验机测试、分析，钢材存在以下两类现象：

1）低碳钢（软钢）：硬度低，强度低，有屈服现象。

2）高碳钢和合金钢（硬钢）：硬度高，强度高，无屈服现象。

试件的类型包括原样试件（图7-8）或标准试件，标准试件中的5倍试件（短试件，图7-9）比10倍试件（长试件）更常用。

钢筋拉伸试验

图7-8　原样试件

图7-9　5倍试件

测试仪器是万能试验机（能测试拉、压、弯、剪等力学性能），如图7-10所示。

2. 低碳钢拉伸的4个阶段

低碳钢拉伸的应力-应变曲线如图7-11所示，分析如下：

1）弹性阶段为o-b段，力撤销后变形恢复，弹性阶段的最高点a'所对应的应力值称为弹性极限σ_e。当应力稍低于a点时，应力与应变呈线性正比例关系，其斜率称为弹性模量，用E表示，$E=\sigma/\varepsilon$，即应力/应变。

2）屈服阶段（大变形）为b-c段，达到屈服点R_e（屈服强度），进入塑性变形，并开始大变形，钢筋失效。

图7-10　万能试验机

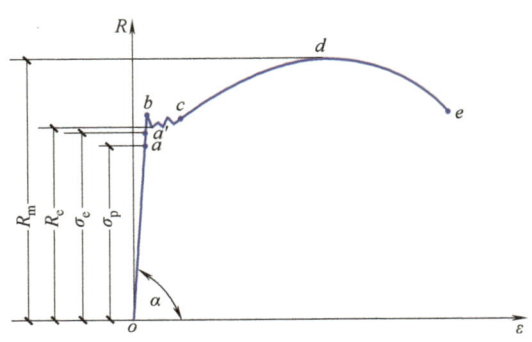

图 7-11　低碳钢拉伸的应力-应变曲线

3) 强化阶段为 c-d 段，出现强度最大值：抗拉强度 R_m。从屈服到断裂有强度储备。

4) 颈缩断裂阶段为 d-e 段，当应力达到抗拉强度 R_m 后，在试件薄弱处的断面将显著缩小，塑性变形急剧增加，产生"颈缩"现象并很快断裂，如图 7-12 所示。

3. 指标

（1）强度指标

1) 屈服强度 $R_e = F_{el}/S_0$ = 屈服荷载/原始受力面积，反映单位面积上受多大的力就屈服，单位为 MPa。

2) 抗拉强度 $R_m = F_m/S_0$ = 极限荷载/原始受力面积，反映单位面积上受多大的力就拉断，单位为 MPa。

3) 屈强比 = R_e/R_m，反映利用率与可靠程度。数值小则利用率低但可靠程度高，数值大则利用率高但可靠程度低。一般钢材的屈强比在 0.6~0.75。

（2）塑性指标

1) 伸长率 $A = (L_U - L_0)/L_0$ =（断后拼合标距-原始标距）/原始标距。

2) 断面收缩率 $Z = (S_0 - S_U)/S_0$ =（原始面积-颈缩部位面积）/原始面积。

无明显屈服现象的中（高）碳钢、合金钢的设计依据是条件屈服强度（$R_{P0.2}$，是指塑性变形达到原长的 0.2% 时的应力），也称规定塑性延伸强度，$R_{P0.2} \approx 0.85 R_m$，如图 7-13 所示。

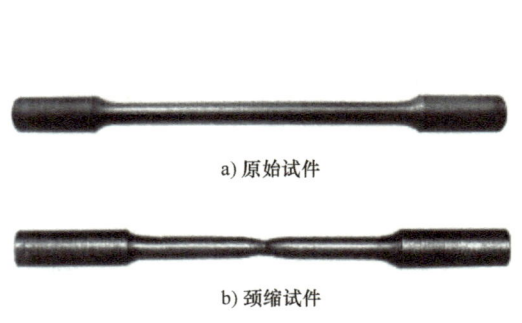

图 7-12　"颈缩"现象

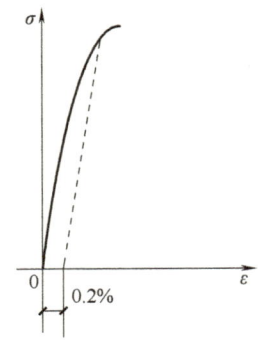

图 7-13　中（高）碳钢、合金钢拉伸曲线

二、冲击韧性

冲击韧性是指钢材抵抗冲击荷载的能力,其值越大,表明钢材的冲击性能越好,冲击试件和钢材的冲击试验示意分别如图 7-14 和图 7-15 所示。吊车钩、吊车梁等承受冲击荷载的构件,要采用冲击性能好的钢材。镇静钢、细晶粒钢和优质钢的冲击性能较好。冷加工的钢材,不得用于承受冲击荷载。

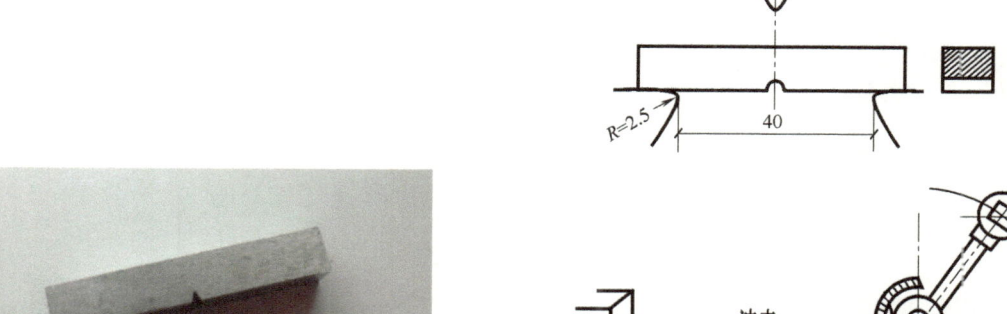

图 7-14 冲击试件

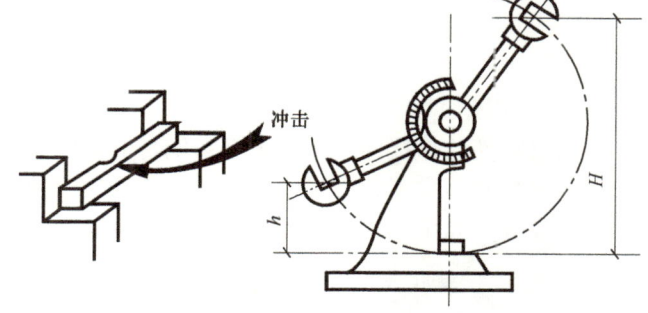

图 7-15 钢材的冲击试验示意

三、冷弯性能

冷弯性能是指钢材在常温下承受弯曲变形的能力,是建筑钢材的重要工艺性能。塑性好,冷弯性能必然好。一般采用万能试验机或弯曲试验机(图 7-16)来检验钢材的冷弯性能。

钢筋冷弯性能试验

图 7-16 弯曲试验机

出现起皮或裂缝前能承受的弯曲程度越大(弯心小、弯角大),钢材的冷弯性能越好,如图 7-17 所示。钢材的冷弯性能和伸长率都是塑性变形能力的反映,冷弯性能可以体现出钢材是否有杂质偏析或微裂纹等缺陷。

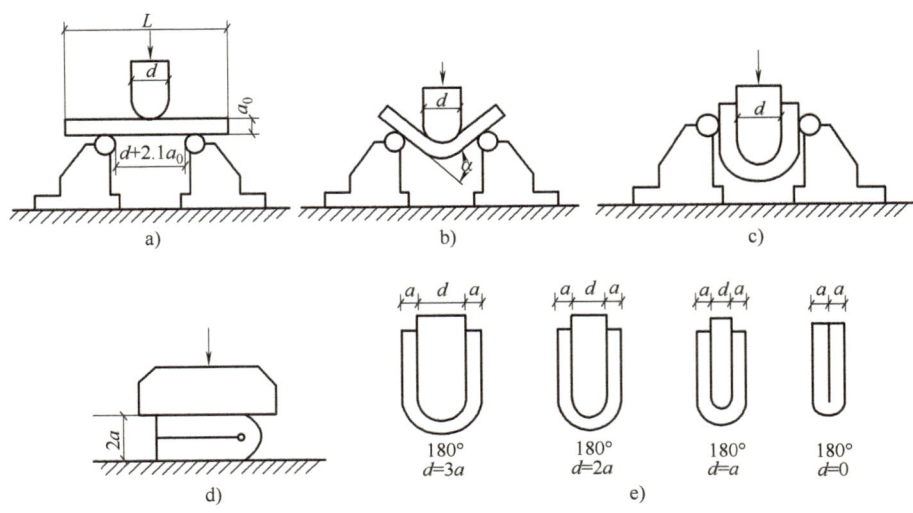

图 7-17 不同的弯曲程度

L—钢材长度　d—弯心直径　a_0—钢材厚度　a—钢筋直径

四、焊接性

钢材构件的焊接性和操作水平与钢材的成分和金相组织有关。焊件必须做力学试验，目的是检验焊缝的强度和质量，有无变形或开裂现象。常用的焊接方式有电渣压力焊、点焊和闪光对焊等，如图 7-18 所示。

a) 电渣压力焊

b) 点焊

c) 闪光对焊

图 7-18 常用的焊接方式

焊接件拉伸时若断于钢筋母材处，且焊接件的抗拉强度不低于钢筋母材的抗拉强度标准值，则焊接性能合格。焊接件的检测如图 7-19 所示。一般的焊接结构，应选用碳的质量分数较低的镇静钢；对于高碳钢和合金钢，为了改善焊接后的硬脆性，一般要进行焊前预热或焊后热处理。

图 7-19 焊接件的检测

课外篇：大国工匠

艾爱国，是第一位从湘潭钢铁集团有限公司走出来的焊接大师。从世界最长跨海大桥——港珠澳大桥，到亚洲最大深水油气平台——南海荔湾综合处理平台，这些超级工程中，都活跃着他的身影；从助力中国船舶制造业提升国际竞争力，比肩世界一流水平，到突破国外企业"卡脖子"技术，填补国内技术空白，都离不开他的焊接绝活。凭借一身绝技、执着追求，2021 年他被中共中央授予"七一勋章"。他在 20 世纪 80 年代采用交流氩弧焊双人双面同步焊技术，解决了当时世界最大的 3 万 m^3 制氧机深冷无泄露的"硬骨头"问题；20 世纪末带领团队 10 年攻坚，打破国外技术垄断，填补国内空白，实现大线能量焊接用钢国产化；花甲之年带领团队解决工程机械吊臂用钢面临的"卡脖子"技术，大幅度降低我国工程机械的生产成本；主持的氩弧焊接法焊接高炉贯流式风口项目获得国家科技进步二等奖，申报专利 6 项，获发明专利 1 项。他用 50 多年的时间，实现了自己最初写下的"攀登技术高峰"的目标，将自己活成了一座高峰。

我们要学习他秉持"做事情要做到极致，做工人做到最好"的信念，追求精益求精的职业精神，不怕麻烦、不怕困难，做爱岗敬业的典范。

任务 3　认识常用钢材的品种、牌号及加工

一、不同元素对钢的性质的影响

1）碳是重要元素，碳的含量越高，钢的强度和硬度越高，但塑性和韧性越差。

2）硫和磷是有害元素，硫使钢具有热脆性；磷使钢具有冷脆性。硫和磷的质量分数在 0.035% 以下的是优质钢。

3）硅和锰是有益元素，硅对钢的性能影响与碳类似，可提高弹性；锰可以消除硫的危害。

4）合金元素可以提高钢的综合性质，或在塑性、韧性等不变的情况下提高钢的强度和硬度。

钢材的分类、性质

常用钢材

二、常用的建筑用钢

常用建筑用钢包括碳素结构钢、低合金高强度结构钢、优质碳素结构钢和合金结构钢四种。

钢的牌号（简称钢号）能代表钢材的性能，决定其应用。碳素结构钢、低合金高强度结构钢根据屈服强度来划分牌号，优质碳素结构钢、合金结构钢按成分来划分牌号。

1）碳素结构钢牌号表示方法：代表屈服强度的字母 Q+屈服强度数值+质量等级符号+脱氧方法符号。例如，Q235BF 表示屈服强度为 235MPa，质量 B 级的沸腾钢。

碳素结构钢有 Q195、Q215、Q235 和 Q275 共 4 个牌号。牌号的增大是碳的质量分数引起的，牌号越大，强度和硬度越高，塑性和韧性越差。碳素结构钢一般用于型钢、冷拔低碳

钢丝和光圆一级钢筋。Q195和Q215可制作冷拔低碳钢丝、钢钉、铆钉和螺栓。Q235广泛应用于钢结构中的各类型钢和钢板，钢筋混凝土结构中的热轧光圆钢筋以及管道、道钉和垫板等各种配件。Q275可用于结构中的配件，制造螺栓和预应力锚具。

2）低合金高强度结构钢的牌号表示方法参见《低合金高强度结构钢》（GB/T 1591—2018）。低合金高强度结构钢有Q390、Q420、Q460、Q500、Q550、Q620和Q690共7个牌号。牌号的增大是加入合金元素引起的，在保证塑性和韧性的基础上，提高强度。质量等级中增加了杂质更少的E级。Q390C表示屈服强度为390MPa，质量C级的低合金高强度镇静钢。低合金高强度结构钢综合性能好，在建筑工程中大量使用。热轧带肋钢筋都是低合金高强度结构钢，用于高层建筑、大跨度屋架、网架和大跨度桥梁等承受较大荷载作用的结构。

3）优质碳素结构钢的牌号表示方法参见《优质碳素结构钢》（GB/T 699—2015），合金结构钢的牌号表示方法参见《合金结构钢》（GB/T 3077—2015）。

优质碳素结构钢有28个牌号，其中低碳钢包括：08、10、15、15Mn、20、20Mn、25、25Mn；中碳钢包括：30、30Mn、35、35Mn、40、40Mn、45、45Mn、50、50Mn、55、60、60Mn；高碳钢包括：65、65Mn、70、70Mn、75、80、85。后面加F代表是沸腾钢，加Mn代表锰含量稍高。优质碳素结构钢应用于高强度螺栓，优质型钢，预应力混凝土用钢丝、钢绞线和锚具。45Mn代表平均碳的质量分数为0.45%，锰含量稍高的优质钢，可用于高强度、受强烈冲击荷载作用的部位。中碳钢用于制作高强度螺栓和锚具，高碳钢用于制作钢轨、高强度钢丝和钢绞线。

4）合金结构钢是在优质碳素结构钢基础上加入一到多种合金元素，如镍、钒、钛等制得的，综合性能好，共81个牌号，如20Cr、20CrMnTi、18MnMoNb、60Si2Mn等。例如，20CrNi3代表含碳0.2%，含铬1%左右，含镍3%左右的优质合金结构钢。合金结构钢成本高，一般应用在特殊、重要、大荷载、大跨度的工程中。

三、钢材的加工方式

钢材的加工方式有热加工和冷加工。

1）热加工主要有热轧和热处理等。热轧是在红热高温情况下用轧辊进行挤压，得到钢板或钢筋等成品，如图7-20所示。钢材的热处理是指正火、回火、淬火和退火等四种处理，在钢筋的生产中特指淬火加高温回火的调质处理，经热处理后的钢材，强度、塑性和韧性都较好，具有良好的综合力学性能，可用于预应力混凝土工程。

图7-20 热轧

2）冷加工主要是指常温下的冷拉、冷拔和冷轧扭等。冷拉设备如图7-21所示，冷拔设备如图7-22所示，冷拔用的拔丝模如图7-23所示。钢筋经冷加工后，出现屈服强度提高，硬度提高，塑性和韧性下降的现象，这就是冷加工硬化，如图 7-24 所示，未冷拉的钢筋在使用时曲线为 $OBKCD$，冷拉后的钢筋在使用时的曲线为 $O'KCD$。日常生活中的反复用手弯断钢丝就是利用的冷加工硬化变脆的原理。

图 7-21　冷拉设备

图 7-22　冷拔设备

将经过冷拉的钢筋于常温下存放 15~20d，或加热到 100~200℃ 并持温一段时间，这个过程称为时效处理。前者为自然时效，后者为人工时效。时效处理是因时间所引起的效果，钢材经放置后变强、变硬和变脆。冷加工硬化只提高屈服强度，由 B 提高到 K，时效处理能使抗拉强度从 C 提高到 C_1，如图 7-24 所示。

图 7-23　拔丝模

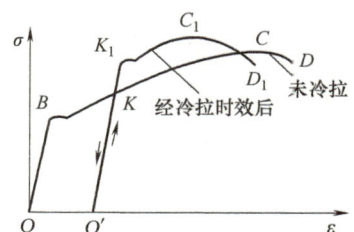

图 7-24　冷加工硬化和时效处理的应力变化

任务 4　认识型钢、钢板的品种与牌号

钢结构构件一般采用各种型钢和钢板，所用的母材一般是碳素结构钢和低合金高强度结构钢。

一、热轧型钢

热轧型钢有方钢、圆钢、六角钢、扁钢、角钢、槽钢、工字钢、T 型钢、Y 型钢、C 型钢、H 型钢、Z 型钢、帽型钢、钢轨和钢板桩等。型钢的截面形式合理，受力有利，构件间连接方便，是钢结构中采用的主要钢材。

钢材供应形式

型钢参观 1

型钢参观 2

型钢的标记方式一般由一组符号组成,包括型钢的名称和横截面尺寸等内容。一般方钢以边长表示;圆钢以直径表示,如φ20 表示直径 20mm 的圆钢;扁钢以厚度×宽度表示;角钢有等肢和不等肢两类,以边宽×边宽×边厚表示,或者以号数表示;槽钢、工字钢以高度×腿宽×腰厚表示,也可用号数表示,号数表示高度的厘米数,如[320×88×8.0 代表高度 320mm、腿宽 88mm、腰厚 8mm 的槽钢,10#工字钢代表高度为 100mm 的工字钢。高度相同的槽钢、工字钢有几种不同的腿宽和腰厚时,用 a、b、c 来区分,如 32a#、32b#和32c#。H 型钢应用较为广泛,以高度×宽度×腹板厚度×翼缘厚度表示,如 H100×100×6×8 表示高度 100mm、宽度 100mm、腹板厚 6mm、翼缘厚 8mm 的 H 型钢,如图 7-25 所示。

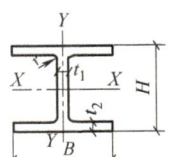

H——高度
B——宽度
t_1——腹板厚度
t_2——翼缘厚度
r——圆角半径

型号 (高度×宽度)/ mm	截面尺寸/mm					截面 面积/ cm²	理论质 量/(kg· m⁻¹)	惯性矩/cm⁴		惯性半径/cm		截面系数/cm³	
	H	B	t_1	t_2	r			I_X	I_Y	i_X	i_Y	W_X	W_Y
100×100	100	100	6	8	8	21.58	16.9	378	134	4.18	2.48	75.6	26.7

图 7-25　H100×100×6×8 型钢编号

二、钢板与压型钢板

用光面轧辊轧制而成的扁平钢材,以平板状态供货的称为钢板,以卷状供货的称为钢带。钢板有热轧和冷轧两种,热轧钢板分为厚板(4mm 以上)和薄板(0.35~4mm)两种,如图 7-26 所示;冷轧钢板只有薄板(0.2~4mm)一种,称为冷轧薄钢板,如图 7-27 所示。

a) 厚板　　　　　　　　　　　b) 薄板

图 7-26　热轧钢板　　　　　　　　　　　图 7-27　冷轧薄钢板

薄钢板经冷压或冷轧成波形、双曲形或 V 形等形状,称为压型钢板。彩色钢板(有机涂层钢板)、镀锌薄钢板和防腐薄钢板都可以用来制作压型钢板,如图 7-28 所示。

a) 本色　　　　　　　　　　　b) 彩色

图 7-28　压型钢板

三、冷弯薄壁型钢

冷弯薄壁型钢是用 2~6mm 的薄钢板经冷弯或模压制成的，有角钢、槽钢等开口薄壁型钢以及方形和矩形等空心薄壁型钢，表示方法与热轧型钢相同，如图 7-29 所示。

图 7-29　冷弯薄壁型钢

任务 5　认识钢筋、钢丝和钢绞线

钢筋、钢丝、钢绞线

一、钢筋

钢筋按工艺分为热轧钢筋、冷轧带肋钢筋、冷轧扭钢筋、冷拉钢筋、热处理钢筋和余热处理钢筋。

钢筋按外形分为光圆钢筋（图 7-30）和带肋钢筋（图 7-31）。其中，带肋钢筋可增加与混凝土之间的咬合力和黏结力，不易拔出。

图 7-30　光圆钢筋

图 7-31　带肋钢筋

钢筋按化学成分分为碳素结构钢钢筋和低合金高强度结构钢钢筋。

钢筋按供货方式分为圆盘条钢筋（长度100m左右盘成，一般为直径较细的钢筋，供货一般按质量计算）和直条钢筋（长度为9m或12m）。

1. 热轧钢筋

热轧钢筋是在红热高温状态下压制成型的钢筋，是目前常用的钢筋品种。

1）带肋钢筋分为螺旋肋和人字肋，如图7-32所示，目前常用的是月牙人字肋钢筋。

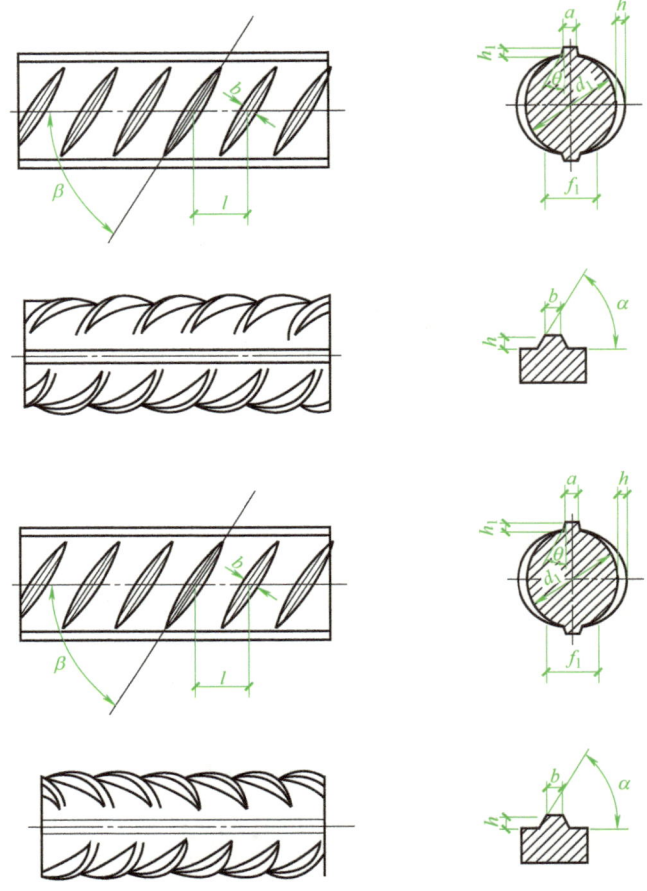

图7-32 螺旋肋和人字肋钢筋

d_1—钢筋内径 α—横肋斜角 h—横肋高度 β—横肋与轴线夹角
h_1—纵肋高度 θ—纵肋斜角 a—纵肋顶宽 l—横肋间距 b—横肋顶宽 f_1—横肋末端间隙

2）热轧钢筋的牌号是按力学性能和弯曲性能划分的，必须符合《钢筋混凝土用钢 第1部分：热轧光圆钢筋》（GB/T 1499.1—2017）和《钢筋混凝土用钢 第2部分：热轧带肋钢筋》（GB/T 1499.2—2018）的规定，见表7-1～表7-3。

表7-1 热轧光圆钢筋的力学性能及弯曲性能

牌号	下屈服强度 R_{eL}/MPa	抗拉强度 R_m/MPa	断后伸长率 A（%）	最大力总延伸率 A_{gt}（%）	冷弯试验180°
			不小于		
HPB300	300	420	25	10.0	$d=a$

注：d表示弯芯直径；a表示钢筋公称直径。

表 7-2 热轧带肋钢筋的力学性能

牌号	下屈服强度 R_{eL}/MPa	抗拉强度 R_m/MPa	断后伸长率 A(%)	最大力总延伸率 A_{gt}(%)	R_m°/R_{eL}°	R_{eL}°/R_{eL}
			不小于			不大于
HRB400 HRBF400	400	540	16	7.5	—	—
HRB400E HRBF400E			—	9.0	1.25	1.30
HRB500 HRBF500	500	630	15	7.5	—	—
HRB500E HRBF500E			—	9.0	1.25	1.30
HRB600	600	730	14	7.5	—	—

注：R_m° 为钢筋实测抗拉强度；R_{eL}° 为钢筋实测下屈服强度。

表 7-3 热轧带肋钢筋的弯曲性能

牌号	公称直径 d/mm	弯曲压头直径
HRB400 HRBF400 HRB400E HRBF400E	6~25	4d
	28~40	5d
	>40~50	6d
HRB500 HRBF500 HRB500E HRBF500E	6~25	6d
	28~40	7d
	>40~50	8d
HRB600	6~25	6d
	28~40	7d
	>40~50	8d

牌号中的 H 代表热轧、P 代表光圆、R 代表带肋、B 代表钢筋、数字代表屈服强度的数值。

应用：结构构件内的钢筋骨架，受力钢筋一般为 HRB400、HRB500 钢筋；架立筋和箍筋一般为 HPB300、HRB400 钢筋；板内受力筋和分布筋可为各级钢筋，HRB500 钢筋可用于预应力筋。HRB400 钢筋上标识 4，如有 E 则代表抗震，后面的数字是直径，如图 7-33 所示。HRB500 钢筋如图 7-34 所示。

2. 冷轧带肋钢筋

冷轧带肋钢筋是热轧钢筋在常温下挤压压痕制成的无纵肋钢筋，牌号为 CRB550~CRB1170，数字代表抗拉强度值，如图 7-35 所示。与光圆钢筋相比，冷轧带肋钢筋有两面或三面横肋，与混凝土的黏结力更好，强度更高。冷轧带肋钢筋可在预应力结构中代替冷拔钢丝，在钢筋混凝土板中替代 HPB300 钢筋，可以节约钢材，降低造价，应用前景广阔；但是在有振动、冲击荷载环境下不可采用。CRB550 钢筋宜用于钢筋混凝土结构，其他可用于预应力混凝土结构，但在-30℃环境中不宜使用。

图 7-33　HRB400 钢筋

图 7-34　HRB500 钢筋

图 7-35　冷轧带肋钢筋

3. 冷轧扭钢筋

冷轧扭钢筋是热轧 HPB300 钢筋经冷轧再扭转得到的螺旋状直条钢筋，主要用于钢筋混凝土板，可节约钢材，节省资金，如图 7-36 所示。

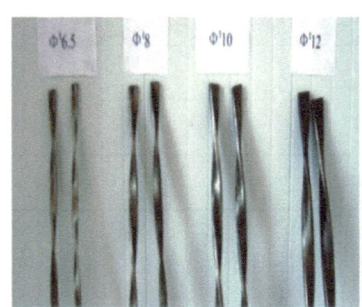

图 7-36　冷轧扭钢筋

4. 冷拉钢筋

冷拉钢筋是用热轧钢筋经强力拉伸（拉应力超过屈服强度）制成的，强力拉伸的作用是拉细、拉长、拉强、拉直且拉掉锈皮。冷加工使钢筋强度得到提高，原来需要直径 20mm 的钢筋，现在只需要直径 16mm 即可，可节省钢材。冷拉钢筋在有振动、冲击荷载环境中不可采用。

二、预应力混凝土用钢丝和钢绞线

预应力混凝土是预先给受拉区混凝土施加一个压应力，可以延迟开裂，提高承载力。

1. 钢丝

根据《预应力混凝土用钢丝》（GB/T 5223—2014）的规定，预应力混凝土用钢丝按加工状态分为冷拉钢丝和消除应力钢丝两类，其代号为冷拉钢丝（WCD）、低松弛钢丝（WLR）。

冷拉钢丝是用盘条通过拔丝模或轧辊经冷加工制成产品，以盘卷供货的钢丝。低松弛钢丝是将钢丝在塑性变形下（轴应变）进行短时热处理得到的。

钢丝按外形分为光圆钢丝（代号为P）、螺旋肋钢丝（代号为H）和刻痕钢丝（代号为I）三种。螺旋肋钢丝表面沿着长度方向上分布有规则间隔的肋条。刻痕钢丝表面沿着长度方向上分布有规则间隔的压痕，如图7-37所示。

a) 光圆钢丝

b) 螺旋肋钢丝

c) 刻痕钢丝

图 7-37　预应力混凝土用钢丝

2. 钢绞线

预应力混凝土用钢绞线（图7-38）是以数根圆形断面钢丝经绞捻和消除内应力的热处理后制成的。根据《预应力混凝土用钢绞线》（GB/T 5224—2014）的规定，钢绞线按捻制结构分为8类：

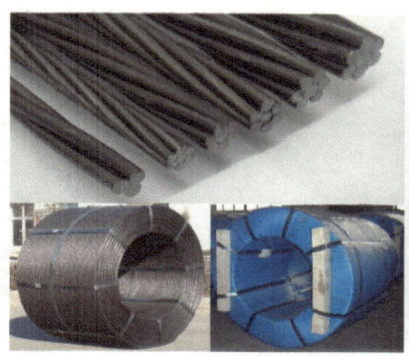
钢绞线

无粘结预应力钢绞线

钢绞线和锚具

构件上的锚具和成束钢绞线

箱梁上应用钢绞线

图 7-38　钢绞线

1）用 2 根钢丝捻制的钢绞线，1×2。
2）用 3 根钢丝捻制的钢绞线，1×3。
3）用 3 根刻痕钢丝捻制的钢绞线，1×3I。
4）用 7 根钢丝捻制的标准型钢绞线，1×7。
5）用 6 根刻痕钢丝和 1 根光圆中心钢丝捻制的钢绞线，1×7I。
6）用 7 根钢丝捻制又经模拔的钢绞线，（1×7）C。
7）用 19 根钢丝捻制的 1+9+9 西鲁式钢绞线，1×19S。
8）用 19 根钢丝捻制的 1+6+6/6 瓦林吞式钢绞线，1×19W。

钢绞线具有强度高，与混凝土黏结好，断面面积大，使用根数少，在结构中排列布置方便，易于锚固等优点，主要用于大跨度和大荷载的预应力屋架和薄腹梁等构件。

任务 6　进行钢材的检测

一、钢筋的验收

1. 热轧钢筋质量检测项目

1）拉伸性能检测：屈服强度、抗拉强度和伸长率。
2）冷弯性能检测：弯曲角度。

2. 检验批

钢筋进场后，应按批进行检验。应由同一牌号、外形、规格、生产工艺和交货状态的钢筋组成检验批。

热轧钢筋、钢丝和钢绞线，每批不大于 60t，不足 60t 按一批计。

3. 取样

每批钢筋中任意抽取两根钢筋，每根钢筋截去端头的 500mm 后各取一组试样，共四根，两根用于做拉伸性能检测，另外两根用于冷弯性能检测。拉伸试样截取长度：$d \leqslant 10$mm 的，$L \geqslant 10d+200$mm；$d > 10$mm 的，$L \geqslant 5d+200$mm。冷弯试样截取长度：$L \geqslant 5d+150$mm，钢筋试样如图 7-39 所示。

图 7-39　钢筋试样

4. 拉伸性能检测

（1）主要仪器设备

万能试验机、钢筋划线仪和游标卡尺（精度 0.1mm）。

（2）检测步骤

1）用游标卡尺在标距两端及中间三个相互垂直的方向测量钢筋直径，计算横截面面积。

2）用钢筋划线仪在试件表面划出一系列等分点，起点到终点的标距为5倍或10倍的钢筋直径，并量出原始标距 L_0。

3）试件固定在万能试验机的夹头内，起动试验机并缓慢加载，进行拉伸检测。

（3）结果计算

1）强度指标：

$$屈服强度\ R_e = F_{eL}/S_0 = 屈服荷载/原始受力面积$$
$$抗拉强度\ R_m = F_m/S_0 = 极限荷载/原始受力面积$$

2）塑性指标：

$$断后伸长率\ A = (L_U - L_0)/L_0 = (断后拼合标距-原始标距)/原始标距$$
$$断面收缩率\ Z = (S_0 - S_U)/S_0 = (原始面积-颈缩部位面积)/原始面积$$

5. 冷弯性能检测

（1）主要仪器设备

万能试验机或弯曲试验机、游标卡尺（精度0.1mm）。

（2）检测步骤

1）用游标卡尺测量钢筋直径。

2）按要求选择适当的弯心直径 D，并调整两支撑辊之间的距离，净距 $=(D+3a)\pm 0.5a$，a 表示受弯试件的直径和厚度（带肋钢筋冷弯弯心直径应为钢筋直径的4倍）。

3）将试件放在支撑辊上，起动试验机并均匀加载，直至弯曲到规定的角度；然后卸载，取下试样，检查其弯曲外表面。若无裂纹、起皮、裂缝或断裂，则评定试样合格。

6. 质量判定及处理

对于热轧钢筋，若有一个或一个以上项目不符合标准要求，则应从同一批中再任取双倍数量的试样进行该不合格项目的复验。复验时仍有一个指标不合格，则该批钢材为不合格品。

钢筋检测报告见表7-4，钢筋焊接接头检测报告见表7-5。

课外篇：科学求实

对钢筋的检测一定要树立科学求实的态度，钢材作为建筑工程的主要材料之一，其质量对建筑工程的质量影响重大。钢材的检测水平越高，钢材质量就越有保障；检测结果如出现偏差，就无法准确检测钢筋质量，将有问题的钢筋应用到建筑工程中就会产生安全隐患，威胁人民的生命财产安全。就建筑安全质量而言，容易产生安全隐患的主要就是建筑结构材料，比如钢筋、混凝土等。不同的材料涉及不同的安全问题，比如保温材料燃烧起来会产生有毒有害物质；混凝土如果开裂会发生结构断裂或垮塌；钢结构焊缝如果出问题，会导致钢结构坍塌；钢结构表面涂料厚度如果不够，会有加快锈蚀和耐火时间达不到设计要求的隐患，这些都是安全问题。

我们在进行材料检测的过程中，一定要本着实事求是的科学态度，担负起建筑从业人员应有的责任。一定要提高检测的规范性，按照规范严格开展钢筋检测工作，用科学求实的态度对待检测工作,并采取适宜的检测方法对建筑钢筋进行有效检测,防止假冒伪劣的钢筋应用到建筑工程中。

表 7-4 钢筋检测报告

委托单位:××				统一编号:××	
工程名称		×××	委托日期		2020.01.22
使用部位		×××主体结构	报告日期		2020.01.22
试样名称		热轧带肋钢筋,HRB400E	炉(批)号		X220010005025
公称直径/mm		25	代表批量/t		30.03
生产厂家		×××钢铁有限公司	检测类别		委托检测
样品状态		尺寸符合要求,外观无有害的表面缺陷	调直状态		未调直

拉伸性能											
屈服强度 R_e/MPa		抗拉强度 R_m/MPa		断后伸长率 A(%)		强屈比		超屈比		最大力总伸长率 A(%)	
标准要求	实测结果	标准要求	实测结果	标准要求	实测结果	标准要求	实测结果	标准要求	实测结果	标准要求	实测结果
≥400	430	≥540	595	≥16	28	≥1.25	1.38	≤1.30	1.08	≥9	15.9
	430		595		28		1.38		1.08		15.9
	—		—		—		—		—		—

弯曲性能		反向弯曲性能		质量偏差(%)	
标准要求	检测结果	标准要求	检测结果	标准要求	检测结果
钢筋受弯部位表面不得产生裂纹		无裂纹		±4	−3
					—

依据标准	《钢筋混凝土用钢 第2部分:热轧带肋钢筋》(GB/T 1499.2—2018)
检测结论	依据标准检验,该样品所检项目符合《钢筋混凝土用钢 第2部分:热轧带肋钢筋》(GB/T 1499.2—2018)中 HRB400E 技术要求
备注	见证单位:×× 见证人:×× 取样人:××
声明	1. 本检测报告无检验检测专用章和计量认证专用章的为无效;无批准、审核、检测人员签字的为无效。 2. 本检测报告结论不含无标准要求的实测结果,该数据仅供委托方参考。 3. 若有异议或需要说明之处,请于出具报告之日起15日内书面提出,逾期不予受理。 4. 未经本检验检测机构书面批准,不得复制该报告。 5. 地址:×××电话:××× 邮政编码:×××

检测单位:×××建筑工程检测公司   批准: 审核: 检测:

表 7-5　钢筋焊接接头检测报告

委托单位：××　　　　　　　　　　　　　　　　　　　　　　　统一编号：××

工程名称	××	委托日期	2020.01.07
使用部位	B13~B17 现浇梁防撞护栏	报告日期	2020.01.07
钢筋类别	热轧带肋钢筋 HRB400E	原材料编号	171243261
接头类型	单面搭接焊	焊接人	××
公称直径/mm	16	代表批量/个	300
样品状态	外观不锈蚀，无肉眼可见裂纹	检测类别	委托检测

抗拉强度 R_m/MPa		断口特征及位置	试验条件		实测结果
标准要求	实测结果		弯芯直径/mm	弯曲角度/(°)	
≥540	615	延性断裂 钢筋母材	—	—	—
≥540	655	延性断裂 钢筋母材	—	—	—
≥540	615	延性断裂 钢筋母材	—	—	—

依据标准	《钢筋焊接及验收规程》（JGJ 18—2012）
检测结论	该送检样品经检验，所检指标符合标准要求。
备注	见证单位：××　　　　　　　　　　　　　　 见证人：××　　　　取样人：××
声明	1. 本检测报告无检验检测专用章和计量认证专用章的为无效；无批准、审核、检测人员签字的为无效。 2. 本检测报告结论不含无标准要求的实测结果，该数据仅供委托方参考。 3. 若有异议或需要说明之处，请于出具报告之日起 15 日内书面提出，逾期不予受理。 4. 未经本检验检测机构书面批准，不得复制该报告。 5. 地址：×××　　电话：×××　　邮政编码：×××

检测单位：×××建筑工程检测公司　　　批准：　　　审核：　　　检测：

二、钢材的验收与判定

钢筋、钢丝和钢绞线进场后，应按批进行检验。应由同一牌号、外形、规格、生产工艺和交货状态的钢材组成检验批。

1. 检验批

1）冷轧带肋钢筋、热轧钢筋、钢丝和钢绞线，每批不大于60t，不足60t按一批计。

2）冷轧扭钢筋每批不大于10t，不足10t按照一批计。

2. 取样

1）冷轧带肋钢筋和热轧钢筋每批抽取5%（不少于5盘或捆），随机取样。

2）冷轧扭钢筋每批随机取样，长度取偶数倍节距，且不小于4倍节距，同时不小于500mm。

3）钢丝和钢绞线的直径检查和力学检验应抽取 10%，且不得少于 6 盘，每盘于两端取样；进行强度检验时，按总盘数的 2% 选取，且不得少于 3 盘。

3. 质量判定及处理

1）对于热轧钢筋、圆盘条、型钢和冷拉钢筋，若有一个及以上项目不符合标准要求，则应从同一批中再任取双倍数量的试样进行该不合格项目的复验。复验时仍有一个指标不合格，则该批钢材为不合格品。

2）对于乙级冷拔钢丝，若有一个项目（拉伸或冷弯）不符合标准要求，则该盘为不合格品；再从同一批未检盘中再任取双倍数量的试样进行该不合格项目的复验。复验时仍有一个指标不合格，则该批钢材为不合格品。

3）对于甲级冷拔钢丝和冷轧带肋钢筋，若有一个项目（拉伸或冷弯）不符合标准要求，则该盘为不合格品。

4）对于冷轧扭钢筋，若有一个项目（拉伸或冷弯）不符合标准要求，则应从同一批中再任取双倍数量的试样进行该不合格项目的复验。当轧扁厚度和节距复验时小于或大于标准要求，仍可评为合格，但需降直径、规格使用。

三、锈蚀和防火

钢材与周围环境发生化学、电化学和物理等作用极易发生锈蚀，可以采用以下防锈蚀措施：

1）合金法，比如加入合金元素铬、钛、钼或镍等形成不锈钢，或者加入铜，制成含铜钢材。

2）金属覆盖，可在钢材表面电镀或喷镀锌、锡、铬或镍等，适于小尺寸构件。

3）涂料覆盖，常见的方法是喷防锈漆和环氧树脂涂层，需要经常翻修，如图 7-40、图 7-41 所示。

4）采用混凝土进行保护，注意要限制氯离子含量，确保足够的保护层厚度。

图 7-40　喷防锈漆

图 7-41　带环氧树脂涂层的钢筋

钢材虽是不燃性材料，但是遇火后强度显著下降，温度达到 600℃ 时，钢材会变形失去承载能力，所以钢材要采取防火处理措施：

1）防火涂料包覆，有 2~7mm 厚的膨胀型和 8~50mm 厚的非膨胀型两种包覆方式，如图 7-42 和图 7-43 所示。

2）不燃性板材包覆，如将石膏板、硅酸钙板、蛭石板、珍珠岩板、岩棉板和矿棉板等用胶黏剂、钢钉或钢箍固定在钢构件上，如图 7-44 所示。

图 7-42 膨胀型防火涂料包覆

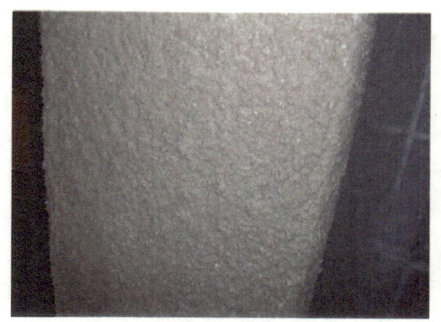 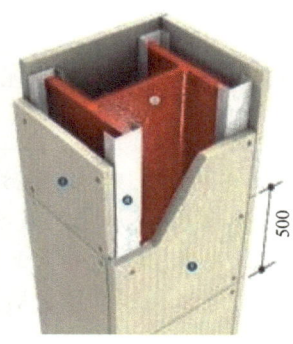 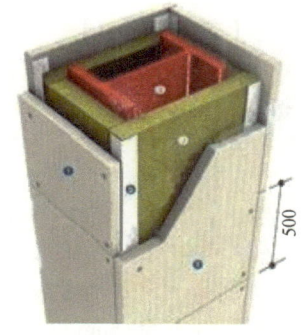

图 7-43 非膨胀型防火涂料包覆　　　　图 7-44 不燃性板材包覆

项目 8 防水材料

典型工作任务：

【典型任务 1】

某建筑设计有限公司设计的某办公大厦建筑施工图纸的建筑设计总说明中对防水设计的要求摘录如下：

> 1. 本建筑物地下工程防水等级为一级，采用防水卷材与钢筋混凝土自防水两道设防；底板、外墙、顶板的卷材均选用 3.0mm 厚的两层 SBS 改性沥青防水卷材，所有阴（阳）角处附加一层同质卷材。底板处在卷材防水的表面做 50mm 厚的 C20 细石混凝土保护层。钢筋混凝土外墙外做 60mm 厚的泡沫聚苯板保护墙，保护墙外回填 2∶8 灰土并夯实，回填范围为 500mm。在地下室外墙管道穿墙处，防水卷材端口及出地面收口处用防水油膏做局部防水处理。
>
> 2. 本建筑物屋面工程防水等级为二级，坡屋面采用 1.5mm 厚聚氨酯防水涂膜防水层（刷三遍），撒一层砂并黏牢；平屋面采用 3mm 厚高聚物改性沥青防水卷材防水层，屋面雨水采用 φ100mmUPVC 内排水方式。
>
> 3. 楼地面防水：在需要做楼地面防水的房间，均做水溶性涂膜防水三道，共 1.5mm 厚，防水层四周卷起 300mm 高。房间在做完闭水试验后再进行下道工序施工。管道穿楼板处均预埋防水套管。
>
> 4. 集水坑防水：所有集水坑内部抹 20mm 厚 1∶2.5 防水水泥砂浆，分三次抹平，内掺 3% 防水剂。

图纸中的防水材料提到了哪几种？楼地面防水的施工做法是什么样的？

【典型任务 2】

建筑物中有哪些位置需要采取防水措施？防水材料有哪些种类？防水材料各自的性能特点和适用范围有哪些？

【典型任务 3】

防水材料进场检测需要检测哪些技术指标？各项指标需要达到哪些标准要求？

典型任务目标：

根据典型工作任务，确定学习任务。确定需要达到的任务目标如下：

1. 掌握各种防水材料的技术性能和应用，掌握防水卷材的分类。
2. 能根据工程特点及要求，合理选用防水材料。会按照国家标准的要求进行防水材料的

项目 8 防水材料

检测,并正确填写检测报告。能根据防水材料性能检测报告进行质量判断。

3. 我们在防水材料的检测过程中,要本着实事求是的科学态度对待检测结果,绝对不允许弄虚作假,要担负起建筑从业人员应有的责任。

学习任务：

防水材料是用来防水、防渗、防漏、防潮和防侵蚀的一种工程材料,广泛应用于建筑、水利、道路和桥梁等工程中。防水材料的主要特点：致密、孔隙率小、具有很强的憎水性与抗渗性,能够起到密封和防水作用。

防水材料按照外观形态一般分为沥青、防水卷材、防水涂料和密封材料,如图 8-1 所示。

a) 沥青

b) 防水卷材

c) 防水涂料

d) 密封材料

图 8-1 防水材料

防水材料的选用应考虑气候、温度、建筑使用部位以及工程防水等级等方面的要求。

课外篇：大国工匠

防水匠人杜天刚从做防水开始,坚持学习理论到探索实践,深耕防水堵漏领域 20 余年,一步一个脚印向上攀升,从钻研创新工艺,到攻克技术难点,由一名临时工成长为一名熟练工,成为重庆乃至中国防水行业的标杆。

我们在今后的学习中也要重视理论实践相结合,并且要踏实肯干、细致认真。

任务 1　学习沥青的主要技术性能及应用

沥青是一种有机胶凝材料,是由多种碳氢化合物及其衍生物组成的复杂混合物。沥青具有良好的黏结性、塑性、不透水性及耐化学侵蚀性,并能抵抗大气的风化作用。

防水材料：沥青

一、沥青的分类及用途

1) 沥青按状态分为固体沥青、半固体沥青（黏稠的、接近于固体）和液体沥青,如图 8-2 所示。

2) 沥青按来源分为石油沥青、煤沥青和天然沥青。

沥青常用于屋面和地下室防水层、车间耐腐蚀地面及道路路面等。此外,还可用来制造防水卷材、防水涂料、油膏、胶黏剂及防腐涂料等。在建筑工程上常使用石油沥青。

二、石油沥青

石油沥青为石油产品,来源于原油蒸馏,将原油经过常压蒸馏分出汽油、煤油、柴油等轻质馏分,再经减压蒸馏分出残余物制得。

a) 固体沥青　　　　　b) 半固体沥青　　　　　c) 液体沥青

图 8-2　沥青

1. 分类

石油沥青按用途分为以下两类：

1) 建筑石油沥青，牌号小，耐热。
2) 道路石油沥青，牌号大，不耐热。

2. 组分

将化学成分及物理性质相似又有相同特征的一组成分归为一组，称为组分。

石油沥青三大组分：油分、树脂和地沥青质，表 8-1 为各组分性状。在温度、阳光、空气及水等作用下，各组分之间会不断演变，油分和树脂逐渐减少，地沥青质逐渐增多，流动性和塑性降低，沥青变脆变硬，这一过程称为"老化"。

表 8-1　石油沥青各组分性状

组分	外观特征	特征
油分	淡黄透明液体	可溶于大部分有机溶剂，具有光学活性，赋予沥青流动性，含量较多时沥青的温度稳定性变差
树脂	红褐色黏稠半固体	温度敏感性高，溶点低于100℃，赋予沥青塑性和黏结性
地沥青质	深褐色固体粉末状微粒	加热不熔化，分解为硬焦炭，使沥青呈黑色。赋予沥青黏性和温度稳定性，含量高时，沥青温度敏感性好，但塑性降低，脆性增加

3. 技术性质

石油沥青主要技术性质包括黏滞性、塑性和温度稳定性等，它们是评价沥青质量的主要依据。

（1）黏滞性

黏滞性是指在外力作用下抵抗发生变形的性能。

液态沥青的黏滞性用黏滞度表示；半固体或固体沥青的黏滞性用针入度表示。

沥青性质

1) 黏滞度是指液态沥青在一定温度下，经规定直径的孔洞漏下 50mL 所需要的时间（s）。

2) 针入度是指在温度为 25℃ 的条件下，以质量 100g 的标准针，经 5s 沉入沥青中的深度，每沉入 0.1mm 称为 1 个针入度。图 8-3 为沥青针入度测定示意。

沥青牌号划分的依据是针入度的大小，针入度越大，沥青的流动性越大，黏性越差，牌号越大。图 8-4 所示的不同牌号沥青，从左至右的牌号依次为 10、50 和 90。

3）影响黏滞性的因素：

① 与组分的比例有关系——油分越多，黏滞性越差；树脂和地沥青质越多，黏滞性越大。

② 与温度有关——温度升高，沥青变软、变稀，黏滞性下降。

（2）塑性

塑性是指沥青在外力作用下，产生变形而不被破坏，除去外力后仍能保持变形后的形状而不被破坏的能力。沥青在冬季容易开裂，但具有自愈合能力；沥青能做成柔性防水卷材，这些都是由其塑性决定的。

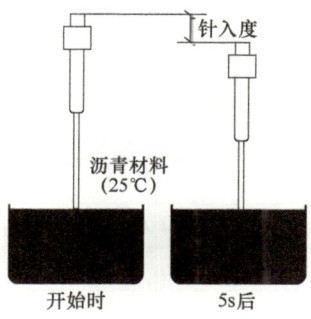

图 8-3 沥青针入度测定示意

  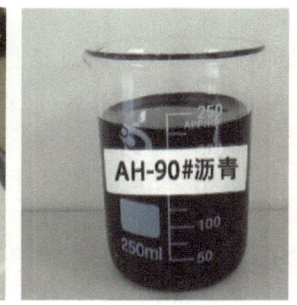

图 8-4 不同牌号沥青

沥青的塑性指标是延度，是指在一定的试验条件下沥青被拉伸的最大长度。图 8-5 是沥青延度测定示意。沥青延度越大，塑性越好。塑性的大小与组分和所处温度有关，沥青质含量相同时，油分和树脂含量越多，沥青塑性越大。沥青的塑性随温度升高而增大。

（3）温度稳定性

温度稳定性是指石油沥青的黏滞性和塑性随温度升降而变化的性能。随温度的升高，沥青的黏滞性降低，塑性增加，这样变化的程度越大，则表示沥青的温度稳定性越差。常用环球法测定软化点，软化点是指沥青试件因受热软化而下垂 25mm 时的温度，用 ℃ 表示，沥青软化点测定如图 8-6 所示。沥青要求有较高的软化点，避免在夏季出现流淌现象；要求较低的脆化点，应避免在冬季出现脆裂现象。

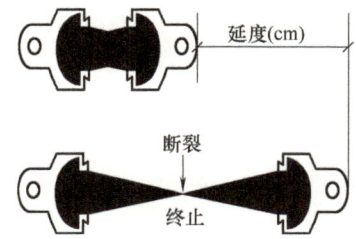 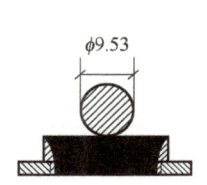 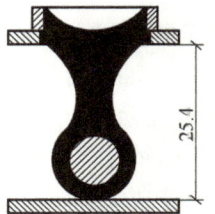

图 8-5 沥青延度测定示意　　　　　图 8-6 沥青软化点测定

（4）闪点和燃点

闪点是指沥青达到软化点后再继续加热，初次产生蓝色闪光时的沥青温度。

燃点又称着火点，与火接触而产生的火焰能持续燃烧 5s 以上时的温度即为燃点。各种沥青的最高加热温度都必须低于其闪点和燃点。石油沥青的质量指标见表 8-2。

表 8-2　石油沥青的质量指标

项目	道路石油沥青					建筑石油沥青		
牌号	200	180	140	100	60	40	30	10
针入度（25℃，100g，5s）/（1/10mm）	200~300	150~200	110~150	80~110	50~80	36~50	26~35	10~25
延度（25℃）/cm（不小于）	20	100	100	90	70	3.5	2.5	1.5
软化点/℃	30~48	35~48	38~51	42~55	45~58	60	75	95
闪点（开口）/℃（不低于）	180	200	230			260		

4. 应用

石油沥青的牌号由针入度指标进行划分。石油沥青的牌号越大，黏性越小（针入度越大），塑性越大（延度越大），温度稳定性越低（软化点越低）。

（1）石油沥青的用途

1) 道路石油沥青主要用来拌制各种沥青混凝土或沥青砂浆，用来修筑路面和各种防渗与防护工程。

2) 建筑石油沥青用于屋面和各类防水工程，并且还可以制造防水卷材，配置沥青涂料。图 8-7 为沥青路面和卷材防水屋面。

图 8-7　沥青路面和卷材防水屋面

3) 高温及日晒地区为防止沥青受热软化，应选用牌号较低的沥青。

4) 不受大气影响的部位（如地下防水工程）可以选用牌号较高的沥青。

5) 寒冷地区，考虑冬季低温沥青易脆裂以及受热软化，宜选中等牌号的沥青。

（2）改性沥青

为了使石油沥青性能得到改善，使其适应更多环境的使用要求，在石油沥青中加入改性剂，制得改性沥青。改性沥青是指在沥青中掺加橡胶、树脂、高分子聚合物、磨细的橡胶粉或其他填料等外掺剂（改性剂），或采取对沥青进行轻度氧化加工等措施，使沥青或沥青混合料的性能得以改善。

1) 橡胶改性沥青。常用的热塑性丁苯橡胶 SBS 改性沥青兼有橡胶和塑料的特性，常温下具有橡胶的弹性，在高温下又能像塑料那样熔融流动，成为可塑的材料。

2) 树脂改性沥青。常用的无规聚丙烯改性沥青，是在沥青中掺入适量树脂后制得的，可使沥青有较好的耐高（低）温性、黏结性和不透水性。

由于改性沥青克服了石油沥青的弱点，在防水卷材和沥青路面上得到广泛应用。

任务 2　学习防水卷材的分类、特点及应用

防水卷材有石油沥青防水卷材、改性沥青防水卷材和合成高分子防水卷材三类，具体采用何种防水卷材要根据建筑的防水等级要求确定。防水卷材的分类及品种见表 8-3。

防水卷材

表 8-3　防水卷材的分类及品种

分类方法	品种名称
按生产工艺分类	浸渍卷材（有胎）、辊压卷材（无胎）
按浸渍材料的品种分类	石油沥青防水卷材、改性沥青防水卷材、合成高分子防水卷材
按使用基胎分类	纸胎、布胎、玻布胎、玻纤胎、聚酯胎
按面层隔离剂分类	粉毡、片毡、粒、膜（塑料、铝箔）

防水卷材施工的三种常见方法如图 8-8 所示。

a) 胶粘法

b) 热粘法

c) 自粘法

图 8-8　防水卷材施工的三种常见方法

1）胶粘法：采用与基材相适应的胶黏剂施工，如传统工艺"三毡四油"中的"油"有以下 3 种：

① 热玛琋脂，沥青中加入滑石粉等制成，属于热施工。

② 溶剂型材料，将沥青溶入有机溶剂中制成，属于冷施工，成本高。

③ 水乳型材料，沥青中加入表面活性剂，经强力搅拌后制成乳浊液，呈牛奶状。

2）热粘法：底面均匀受热后再辊压。

3）自粘法：施工时既不用任何胶黏剂也不用热粘，类似双面胶的黏结原理。

1. 高聚物改性沥青防水卷材

高聚物改性沥青防水卷材是指以合成高分子聚合物改性沥青为涂盖层，以纤维织物或纤维毡为胎体，以粉状、粒状、片状或薄膜材料为防黏隔离层制成的可卷曲的片状防水材料。高聚物改性沥青防水卷材克服了沥青防水卷材的温度稳定性差及延伸率小，难以适应基层开裂及伸缩的缺点，具有高温不流淌，低温不脆裂，拉伸强度较高，延伸率较大等优异性能。

2. 弹性体改性沥青防水卷材

弹性体改性沥青防水卷材是以玻纤毡或聚酯毡为胎基，以苯乙烯-丁二烯-苯乙烯（SBS）热塑性弹性体作改性剂，两面覆以隔离材料制成的建筑防水卷材，简称 SBS 卷材，如图 8-9 所示。

SBS 卷材以聚酯纤维无纺布为胎体，以 SBS 橡胶改性沥青为面层，以塑料薄膜为隔离层，油毡表面带有砂粒。它的耐撕裂强度比玻璃纤维胎油毡大 15~17 倍，耐刺穿性大 15~19

倍，可用氯丁黏合剂进行冷粘贴施工，也可用汽油喷灯进行热熔施工，是目前性能最佳的油毡之一。

SBS卷材按胎基分为聚酯毡（PY）、玻纤毡（G）和玻纤增强聚酯毡（PYG）；按上表面隔离材料分为聚乙烯膜（PE）、细砂（S）与矿物粒（片）料（M）；按材料性能分为Ⅰ型和Ⅱ型。SBS卷材宽1000mm，聚酯毡卷材厚度为3mm、4mm、5mm；玻纤毡卷材厚度为3mm和4mm。每卷卷材面积为7.5m²、10m²、15m²。依据《弹性体改性沥青防水卷材》（GB 18242—2008），SBS卷材物理、力学性能应符合表8-4的规定。

图8-9 SBS卷材

表8-4 SBS卷材物理、力学性能

序号	胎基		Ⅰ		Ⅱ		
	型号		PY	G	PY	G	PYG
1	可溶物含量/(g/m²)，≥	3mm	2100				—
		4mm	2900				—
		5mm	3500				
2	不透水性	压力/MPa，≥	0.3	0.2	0.3		
		保持时间/min，≥	30				
3	耐热度/℃		90		105		
			无流淌、滴落				
4	拉力/(N/50mm)，≥		500	350	800	500	900
5	最大拉力时延伸率（%），≥		30	—	40	—	
6	低温柔性/℃		−20		−25		
			无裂纹				
7	人工气候加速老化	外观	无滑动、流淌、滴落				
		拉力保持率（%），≥	80				
		低温柔性/℃	−15		−20		
			无裂纹				

SBS卷材适用于工业与民用建筑的屋面及地下防水工程，尤其适用于较低气温环境的建筑防水。

3. 塑性体改性沥青防水卷材

塑性体改性沥青防水卷材与SBS卷材的区别是使改性沥青变为塑性体。塑性体改性沥青防水卷材是以聚酯毡、玻纤毡或玻纤增强聚酯毡为胎基，以无规聚丙烯（APP）或聚烯烃类聚合物（APAO、APO）作改性剂，两面覆以隔离材料制成的建筑防水卷材，一般称为APP卷材（图8-10）。依据《塑性体改性沥青防水卷材》（GB 18243—2008），APP卷材物理、力学性能应符合表8-5的规定。

图8-10 APP卷材

表 8-5 APP 卷材物理、力学性能

序号	项目		指标				
			I		II		
			PY	G	PY	G	PYG
1	可溶物含量/(g/m²)，≥	3mm	2100				—
		4mm	2900				—
		5mm	3500				
		试验现象	—	胎基不燃	—	胎基不燃	
2	耐热性	℃	110		130		
		≤mm	2				
		试验现象	无流淌、滴落				
3	低温柔性/℃		−7		−15		
			无裂缝				
4	不透水性 30min		0.3MPa	0.2MPa	0.3MPa		
5	拉力	最大峰拉力/(N/50mm)，≥	500	350	800	500	900
		次高峰拉力/(N/50mm)，≥					800
		试验现象	拉伸过程中，试件中部无沥青涂盖层开裂或与胎基分离现象				
6	延伸率	最大峰时延伸率（%），≥	25		40		—
		第二峰时延伸率（%），≥	—				15

APP 卷材的品种、规格与 SBS 卷材相同。APP 卷材适用于工业与民用建筑的屋面和地下室防水工程，以及道路和桥梁等建筑物的防水，尤其适用于较高气温环境的建筑防水。

4. 合成高分子防水卷材

合成高分子防水卷材分为三类：橡胶类、树脂类和橡塑类。

合成高分子防水卷材是以合成橡胶、合成树脂或两者的混合体为基料，加入适量的化学助剂和填充料等，经不同工序加工制成的可卷曲的片状防水材料；或把上述材料与合成纤维等复合制成两层或两层以上的可卷曲的片状防水材料。

合成高分子防水卷材具有拉伸强度高、断裂伸长率大、抗撕裂强度高、耐热性能好和低温柔性好、耐腐蚀和耐老化性能好，可以冷施工等优点。

（1）三元乙丙橡胶防水卷材

三元乙丙橡胶防水卷材是以乙烯、丙烯和少量的双环戊二烯三种单体共聚合成三元乙丙橡胶，再掺入适量的丁基橡胶、硫化剂、促进剂、软化剂、补强剂和填充料等，经密炼、压延或挤出成型、硫化和分卷包装等工序制成的一种高弹性防水卷材。

三元乙丙橡胶防水卷材具有优良的耐候性、耐臭氧性和耐热性，并具有抗老化性好、质量小、抗拉强度高、断裂伸长率大、低温柔性好及耐酸碱腐蚀等优点。依据《高分子防水材料 第1部分：片材》（GB 18173.1—2012），三元乙丙橡胶防水卷材的主要技术性能应符合表 8-6 的规定。

表 8-6　三元乙丙橡胶防水卷材的主要技术性能

项目	指标
拉伸强度/MPa，≥	7.5
拉断伸长率（%），≥	450
撕裂强度/(kN/m)，≥	25
低温弯折/℃	-40，无裂纹
不透水性（保持 30min）/MPa	0.3，无渗漏

（2）聚氯乙烯防水卷材

聚氯乙烯防水卷材是以聚氯乙烯树脂为主要原料，掺加适量的改性剂、增塑剂和填充料等，经混炼、压延或挤出成型、分卷包装等工序制成的柔性防水卷材。依据《高分子防水材料　第1部分：片材》（GB 18173.1—2012），聚氯乙烯防水卷材的主要技术性能应符合表 8-7 的规定。

表 8-7　聚氯乙烯防水卷材主要技术性能

项目	指标
拉伸强度/MPa，≥	10
拉断伸长率（%），≥	200
撕裂强度/(kN/m)，≥	40
低温弯折/℃	-20，无裂纹
不透水性（保持 30min）/MPa	0.3，无渗漏

聚氯乙烯防水卷材具有抗拉强度高，断裂伸长率大，低温柔韧性好，使用寿命长及尺寸稳定性、耐热性和耐腐蚀性等较好的特性。

任务 3　了解防水涂料与密封材料

一、防水涂料

防水涂料是将在高温下呈黏稠液态的物质涂布在基体表面，经溶剂或水分挥发或各组分之间的化学反应，形成具有一定弹性的连续薄膜，使基层表面与水隔绝，并能抵抗一定的水压力，从而起到防水和防潮的作用。

1. 氯丁橡胶沥青防水涂料

氯丁橡胶沥青防水涂料可分为溶剂型和水乳型两种。

1）溶剂型氯丁橡胶沥青防水涂料是将氯丁橡胶和石油沥青溶于甲基制成的一种混合胶体溶液，其主要成膜物质是氯丁橡胶和石油沥青。

2）水乳型氯丁橡胶沥青防水涂料是由阳离子型氯丁胶乳与阳离子型沥青乳液混合制成的，氯丁橡胶及石油沥青的微粒借助于阳离子型表面活性剂的作用，稳定分散在水中，使制品呈乳状液。它具有橡胶和沥青的双重优点，有较好的耐水性、耐腐蚀性，成膜快，涂膜致密完整，延伸性好，抗基层变形性能较强，能适应多种复杂层面，耐候性能好，能在常温及较低温度条件下施工。它可用于工业与民用建筑的混凝土屋面防水层，防腐蚀地坪的隔离层，旧油毡屋面维修，以及厨房、水池、厕所和地下室的抗渗防潮等。图 8-11 为氯丁橡胶沥青防水涂料防水。

2. 聚氨酯防水涂料

聚氨酯防水涂料为双组分反应型涂料，其中甲组分为含异氰酸基的聚氨酯预聚物，乙组

图 8-11　氯丁橡胶沥青防水涂料防水

分由含多羟基或胺基的固化剂与填充料、增韧剂和稀释剂等组成。甲、乙组分按一定比例混合后，常温下即能发生交联固化反应，形成均匀而富有弹性，并具有耐水及抗裂性能的厚质防水涂膜。

聚氨酯防水涂膜有透明、彩色和黑色等品类，并兼有耐磨、装饰及阻燃等性能，如图 8-12 所示。

图 8-12　聚氨酯防水涂膜

二、密封材料（嵌缝材料）

为提高建筑物整体的防水和抗渗性能，对于工程中出现的施工缝、构件连接缝以及变形缝等各种接缝，必须填充具有一定的弹性、黏结性，并能够使接缝保持水密以及气密性能的材料，这种材料就是建筑密封材料。

建筑密封材料分为具有一定形状和尺寸的定型密封材料（如止水条、止水带等），以及各种膏糊状的不定型密封材料（如腻子、胶泥、各类密封膏），建筑密封材料及一般应用部位示意如图 8-13 所示。建筑密封材料常用于屋面、厨房和卫生间管道周围，以及散水与楼体之间。

1）改性沥青防水嵌缝油膏是以石油沥青为基料，加入橡胶改性材料及填充料等经混合加工制成的一种冷施工膏状材料，具有优良的防水防潮性能，适用于嵌填建筑物的缝隙及用于各种构件的防水等。该油膏黏结性能好，延伸率高，当基层结构变形时能随之伸缩，且嵌缝防水性能不受影响。

2）聚氨酯建筑密封膏是以聚氨基甲酸酯聚合物为主要成分的双组分反应固化型的建筑密封材料。它具有延伸率大、弹性好、黏结性好、耐低温、耐火、耐油脂、耐酸碱、抗疲劳及使用年限长等优点。

3）丙烯酸酯建筑密封膏是以丙烯酸酯乳液为基料的建筑密封膏。这种密封膏弹性好，能适应一般基层伸缩变形的需要；耐候性能优异，使用年限长；温度耐受性好，可在 −20～100℃情况下长期保持柔韧性；黏结强度高、耐水、耐酸碱，并有良好的着色性；适用于混凝

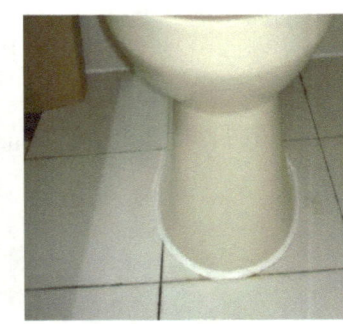

a) 定型密封材料　　b) 不定型密封材料

c) 一般应用部位

图 8-13　建筑密封材料及一般应用部位

土、金属、木材、天然石料、砖、砂浆、玻璃、瓦及水泥石之间的密封防水。

4) 硅酮密封膏大多是以硅氧烷聚合物为主体，加入适量的硫化剂、硫化促进剂以及填充料等制成的，具有优异的耐热性、耐寒性、耐候性和耐水性，耐拉压疲劳性强，与各种材料都有较好的黏结性能。硅酮密封膏按用途分为建筑接缝用（F类）和镶装玻璃用（G类）两类。

课外篇：为"超级工程"筑起防护屏障

有这样一种新材料，兼具防爆、防腐、耐磨、防渗、防水等功能，在国民经济和社会生活的各个领域都不可或缺，这就是聚脲。大连湾海底隧道工程、2022年北京冬奥会、盐城"绿能港"LNG储罐等大型项目和"超级工程"都应用了青岛爱尔家佳新材料股份有限公司自主研发的新材料——聚脲。通过持续创新，爱尔家佳在与国际巨头的正面交锋中，实现了从跟跑到领跑的超越，将国产的聚脲材料性能提升到了国际领先的新高度。

任务4　进行防水卷材的检测

防水卷材技术性能检测的主要内容包括拉伸性能、不透水性、耐热性和低温柔性四项重要指标，参照标准为《建筑防水卷材试验方法》（GB/T 328—2007系列）。其中：

1) 抽样规则参照《建筑防水卷材试验方法　第1部分：沥青和高分子防水卷材　抽样规则》（GB/T 328.1—2007）。

2) 拉伸性能检测参照《建筑防水卷材试验方法　第8部分：沥青防水卷材　拉伸性能》（GB/T 328.8—2007）。

3）不透水性检测参照《建筑防水卷材试验方法 第10部分：沥青和高分子防水卷材不透水性》（GB/T 328.10—2007）。

4）耐热性检测参照《建筑防水卷材试验方法 第11部分：沥青防水卷材 耐热性》（GB/T 328.11—2007）。

5）低温柔性检测参照《建筑防水卷材试验方法 第14部分：沥青防水卷材 低温柔性》（GB/T 328.14—2007）。

1. 防水卷材的取样要求

根据《建筑防水卷材试验方法 第1部分：沥青和高分子防水卷材 抽样规则》（GB/T 328.1—2007），防水卷材的取样（图8-14）按下列规定进行：

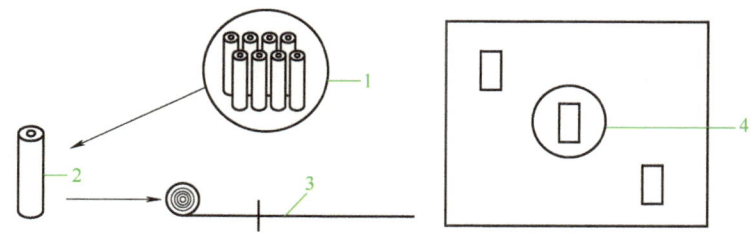

图8-14 防水卷材的取样
1—交付批 2—样品 3—试样 4—试件

1）凡进入施工现场的防水卷材应附有出厂检验报告单及出厂合格证，并注明生产日期、批号、规格和名称。

2）抽样规则。抽样根据相关协议要求进行；若无协议，抽样按照表8-8进行，不得抽取损坏的卷材。

表8-8 抽样规则

批量/m²		样品数量/卷
以上	直至	
—	1000	1
1000	2500	2
2500	5000	3
5000	—	4

2. 防水卷材拉伸性能试验

（1）试验仪器

拉伸试验机（图8-15）和量尺。

（2）试件制备

整个拉伸试验应制备两组试件，一组纵向5个试件，一组横向5个试件。试件在试样上距边缘100mm以上任意裁取（用模板或裁刀裁取），矩形试件宽为（50±0.5）mm，长为（200+2×夹持长度）mm，长度方向为试验方向。表面的非持久层应去除。试件在试验前，在（23±2）℃和相对湿度30%～70%的条件下至少放置20h。

弹性体改性沥青防水卷材拉伸试验

图 8-15　拉伸试验机

（3）试验步骤

将试件紧紧地夹在拉伸试验机的夹具中，注意试件长度方向的中线与试验机夹具中心在一条线上。夹具之间的距离为（200±2）mm，为防止试件从夹具中产生滑移，应做标记。当使用引伸计时，试验前应设置标距之间的距离为（180±2）mm。为防止试件产生任何松弛，推荐加载不超过 5N 的力。试验在（23±2）℃温度下进行，夹具移动的恒定速度为（100±10）mm/min。

应连续记录拉力和对应的夹具（或引伸计）之间的距离。

（4）试验结果评定

1）拉力值：分别计算纵向、横向 5 个试件拉力的算术平均值，作为卷材的纵向或横向拉力。

2）最大拉力时的延伸率：分别计算纵向、横向 5 个试件最大拉力时延伸率的算术平均值，以此作为卷材的纵向和横向延伸率。

最大拉力时的延伸率　　　　　$E = 100(L_2 - L_1)/L$

式中　E——最大拉力时的延伸率（%）；

L_2——试件最大拉力时的标距（mm）；

L_1——试件初始标距（mm）；

L——夹具间的距离（mm）。

拉力及最大拉力时的延伸率结果的平均值达到规定时，该项指标合格。

3. 防水卷材不透水性试验

（1）试验仪器

不透水仪，如图 8-16 所示。

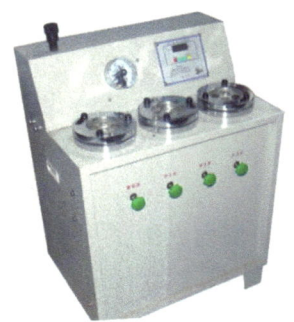

图 8-16　不透水仪

弹性体改性
沥青防水卷材
不透水试验

(2) 试件制备

试件在卷材宽度方向均匀裁取,最外一个距卷材边缘 100mm。试件的纵向与产品的纵向平行并做好标记。在相关的产品标准中应规定试件数量,最少三块。试件尺寸如下:

1) 方法 A:圆形试件,直径 (200±2) mm。

2) 方法 B:试件直径不小于盘外径 (约 130mm)。

试验条件:试验前,试件在 (23±5)℃温度下放置至少 6h。

(3) 试验步骤

1) 方法 A 步骤:将试件放在设备上,旋紧如图 8-17 所示的带翼螺母,固定夹环。打开进水阀(图 8-17 中 11)让水进入,同时打开排气阀(图 8-17 中 10)排出空气,直至水出来后关闭排气阀,说明设备已水满。然后调整试件上表面所要求的压力,并保持压力 (24±1) h。检查试件,观察上面的滤纸有无变色。

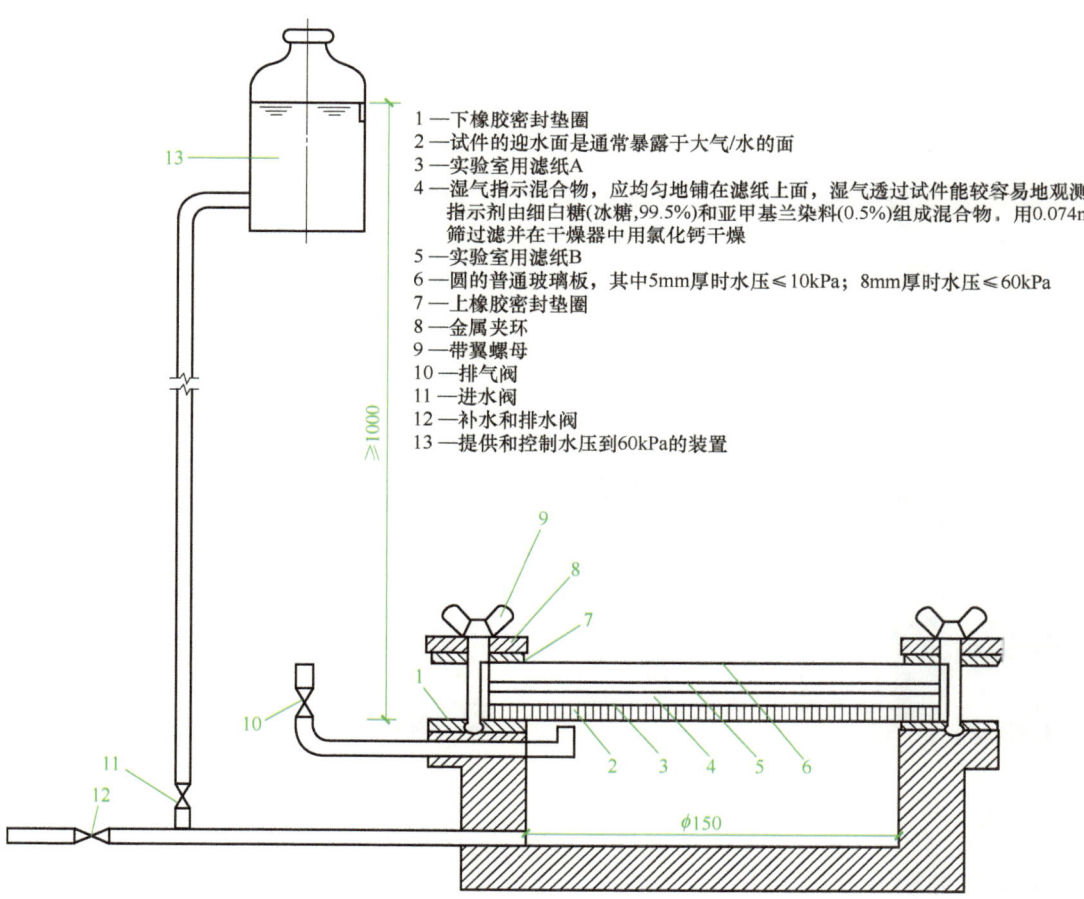

图 8-17 低压力不透水性试验装置

2) 方法 B 步骤:图 8-18 装置中充水直到满出,彻底排出水管中空气。然后将试件的上表面朝下放置在透水盘上,盖上规定的开缝盘(或 7 孔圆盘),其中一个缝的方向与卷材纵向平行。放上封盖,慢慢夹紧直到试件夹紧在盘上,用布或压缩空气干燥试件的非迎水面,慢慢加压到规定的压力。达到规定压力后,保持压力 (24±1) h[如用 7 孔盘，保持规定压力（30±2）min]。试验时观察试件的不透水性（水压突然下降或试件的非迎水面有水）。

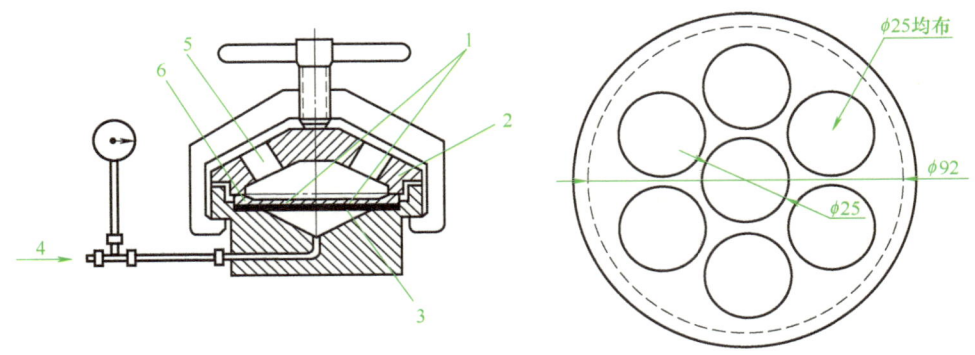

图 8-18　高压力不透水性试验装置
1—狭缝　2—封盖　3—试件　4—静压力　5—观测孔　6—开缝盘

（4）试验结果评定
1）方法 A：试件有明显的水渗到上面的滤纸产生变色，认为试验不符合要求。
2）方法 B：所有试件在规定的时间内不透水的，认为不透水性试验通过。

4. 防水卷材耐热性试验

（1）试验仪器
鼓风烘箱、热电偶和悬挂装置如图 8-19 所示，试件、悬挂装置和标记装置示意如图 8-20 所示。

弹性体改性沥青防水卷材耐热性

图 8-19　耐热性试验装置

（2）试件制备
用于试验的矩形试件尺寸为（100±1）mm×(50±1)mm，去除任何非持久保护层。试验前，试件至少放置在（23±2）℃的平面上 2h，相互之间不要接触或黏住。

（3）试验步骤
1）烘箱预热到规定的试验温度，温度通过与试件中心同一位置的热电偶控制。整个试验期间，试验区域的温度波动不超过±2℃。
2）制备一组 3 个试件，分别在距试件短边一端 10mm 处的中心打一小孔，用细铁丝或回形针穿过，将试件垂直悬挂在烘箱的相同高度，间隔至少 30mm。此时，烘箱的

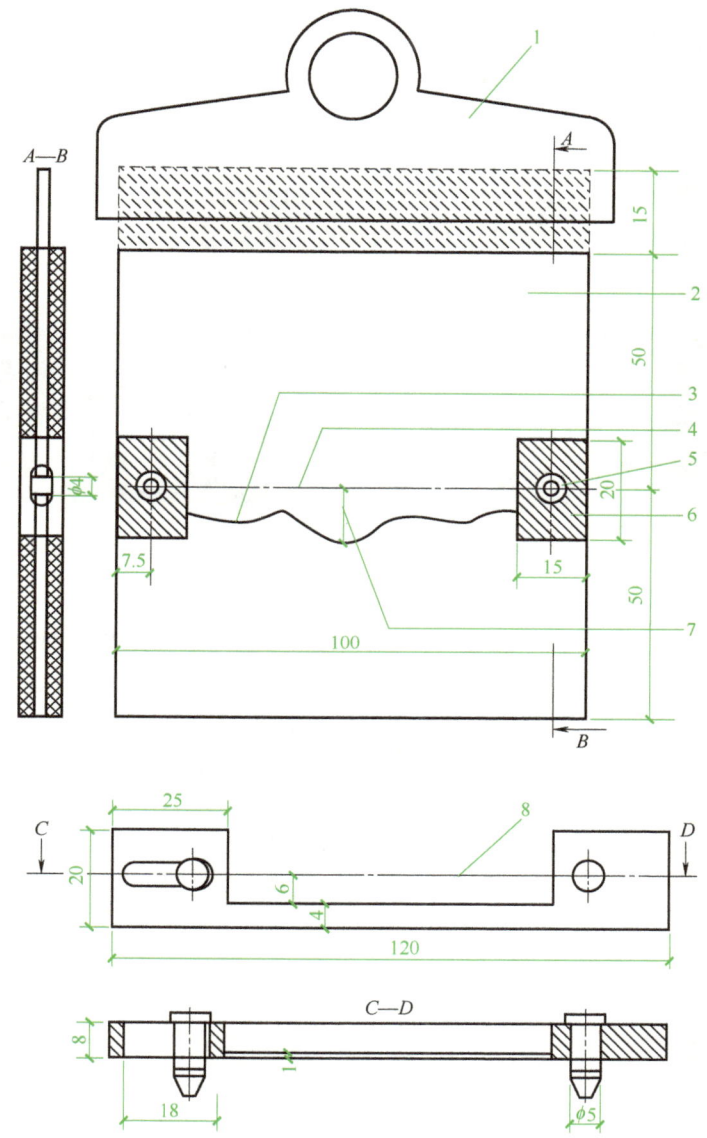

图 8-20 试件、悬挂装置和标记装置（示例）

1—悬挂装置 2—试件 3—标记线1 4—标记线2 5—插销，φ4mm 6—去除涂盖层
7—滑动 ΔL（最大距离） 8—直边

温度不能下降太多，开关烘箱门放入试件的时间不超过 30s，放入试件后的加热时间为 (120 ± 2) min。

3) 加热周期一结束，将试件从烘箱中取出，相互间不要接触，目测观察并记录试件表面的涂盖层有无滑动、流淌、滴落或集中性气泡。

（4）试验结果评定

如果试件任一端的涂盖层不与胎基发生位移，试件下端的涂盖层不超过胎基，无流淌、滴落或集中性气泡，则认为试件的耐热性符合要求。一组 3 个试件都符合要求的，该指标合格。

5. 防水卷材低温柔性试验

（1）试验仪器

机械弯曲装置、冷冻液和半导体温度计如图 8-21 所示。

弹性体改性沥青防水卷材低温柔性试验

（2）试件制备

用于试验的矩形试件尺寸为（150±1）mm×（25±1）mm，去除表面的任何保护膜，试件在试验前应在（23±2）℃的平板上放置至少 4h，并且相互之间不能接触，也不能黏在板上。

  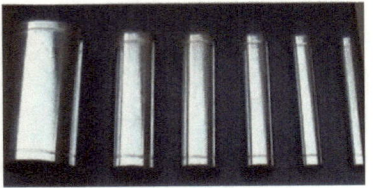

图 8-21　低温柔性试验装置

（3）试验步骤

1）在开始所有试验前，两个圆筒之间的距离应按试件厚度调节，即弯曲轴直径+2mm+2倍试件的厚度。然后将装置放入已冷却的液体中，圆筒的上端位于冷冻液面下约 10mm 处，弯曲轴在更下面的位置。将半导体温度计靠近试件，检查冷冻液的温度。两组各 5 个试件，在规定温度处理后，一组进行上表面试验，另一组进行下表面试验。

2）试件放置在圆筒和弯曲轴之间，试验面朝上，然后设置弯曲轴以（360±40）mm/min 的速度顶着试件向上移动，试件同时绕轴弯曲（图 8-22）。轴移动的终点在圆筒上面（30±1）mm 处（图 8-23），试件的表面明显出现冷冻液，同时液面也因此下降。

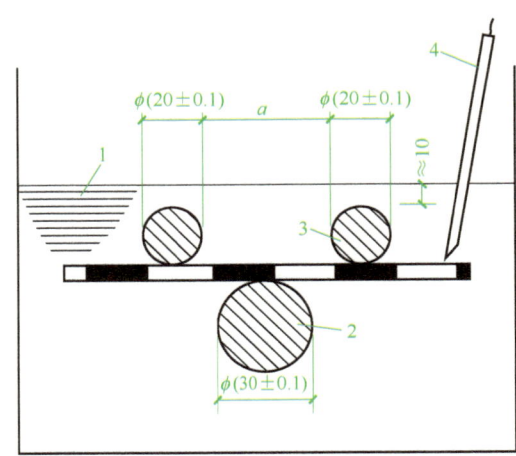

图 8-22　开始弯曲

1—冷冻液　2—弯曲轴　3—固定圆筒　4—半导体温度计（热敏探头）

3）在完成弯曲过程的 10s 内，在适宜的光源下用肉眼检查试件有无裂纹，必要时可用辅助光学装置协助检查。假若有一条或更多的裂纹从涂盖层深入到胎体层，或完全贯穿无增强卷材，即说明存在裂缝。一组 5 个试件应分别进行试验检查。

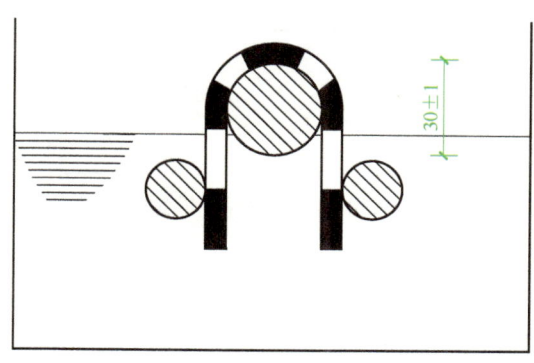

图 8-23　弯曲结束

（4）试验结果评定

一个试验面的 5 个试件在规定温度下至少 4 个无裂缝的为合格，上表面和下表面的试验结果分别记录。若有一项性能不合格，应重新抽样对该项进行复检。若复检结果符合标准，则判定该批产品合格；若仍达不到标准规定，则判定该批产品不合格。

防水卷材检测报告见表 8-9。

表 8-9　防水卷材检测报告

委托单位：××				统一编号：××
工程名称	×××市轨道交通 3 号线一期工程		委托日期	2020.12.03
使用部位	主体结构防水工程、卷材防水		报告日期	2021.01.03
试样名称	预铺防水卷材		规格、型号	YPS 1.5mm/20m^2
生产厂家	×××防水技术集团有限公司		代表批量	1500m^2
样品状态	表面平整		检测类别	委托检测
序号	检测项目	标准要求	实测结果	单项结论
1	耐热性	70℃、2h，无位移、流淌、滴落	无位移、流淌、滴落	合格
2	低温弯折性	－25℃，无裂纹	无裂纹	合格
3	拉伸性能	—	—	—
	拉力/（N/50mm）	纵向≥500	736	合格
		横向≥500	646	合格
	断裂伸长率（%）	纵向≥400	528	合格
		横向≥400	536	合格
4	钉杆撕裂强度/N	纵向≥400	635	合格
		横向≥400	615	合格
5	防窜水性	0.6MPa 不窜水	不窜水	合格
6	不透水性（0.3MPa，120min）	—	不透水	合格
依据标准	《预铺防水卷材》（GB/T 23457—2017）和《建筑防水卷材试验方法　第 10 部分：沥青和高分子防水卷材　不透水性》（GB/T 328.10—2007）			

（续）

检测结论	该送检样品经检验，所检指标符合标准要求		
备注	见证单位：××× 见证人：×××		取样人：×××
声明	1. 本检测报告无检验检测专用章和计量认证专用章的为无效；无批准、审核、检测人员签字的为无效。 2. 本检测报告结论不含无标准要求的实测结果，该数据仅供委托方参考。 3. 若有异议或需要说明之处，请于出具报告之日起 15 日内书面提出，逾期不予受理。 4. 未经本检验检测机构书面批准，不得复制该报告。 5. 地址：×××电话：×××邮政编码：×××		
检测单位：×××建筑工程检测公司	批准：	审核：	检测：

项目 9 保温绝热材料

典型工作任务：

【典型任务】

某建筑设计有限公司设计的某办公大厦建筑施工图纸的建筑设计总说明中对节能设计的要求摘录如下：

> 节能设计：
> 1. 本建筑物的体形系数<0.3。
> 2. 本建筑物框架部分的外墙砌体结构为 250mm 厚陶粒空心砖，外墙外侧均做 35mm 厚聚苯颗粒，采用外墙外保温做法，传热系数<0.6W/(m^2·K)。
> 3. 本建筑物塑钢门窗均为单层框中空玻璃，传热系数≤3.0W/(m^2·K)。
> 4. 本建筑物屋面均采用 40mm 厚现喷硬质发泡聚氨酯保温层，热导率小于 0.024W/(m·K)。

图纸中建筑物在哪些部位需要进行节能设计？保温绝热材料有哪些种类？各自的技术特点和应用是什么？

典型任务目标：

根据典型工作任务，确定学习任务。确定需要达到的任务目标如下：
1. 能根据工程特点及要求，合理选用保温绝热材料。
2. 掌握保温绝热材料的分类，掌握各种保温绝热材料的技术特点和应用。
3. 掌握保温绝热材料的发展趋势，培养辩证思维和探索新材料的创新意识。

学习任务：

课外篇：变废为宝

粉煤灰，是从煤燃烧后的烟气中收捕下来的细灰，粉煤灰是燃煤电厂排出的主要固体废弃物之一。随着电力工业的发展，燃煤电厂的粉煤灰排放量逐年增加，成为我国排放量较大的工业废渣之一。大量的粉煤灰不加处理排放，就会产生扬尘，污染大气；若排入水系统，会造成河流淤塞，而其含有的有毒化学物质还会对动植物造成危害。但粉煤灰是可资源化利用的，如加入水泥混凝土中，不仅可大幅降低水泥使用量，还可有效改善混凝土的性能。在保温绝热材料的制备过程中加入粉煤灰，也能起到置换原材料用量，改善制品性能的作用。

我们要从科学的角度出发，思考如何更好地利用各种废弃物，增强探索创新意识，形成绿色环保意识，不能让废弃物污染了绿水青山。

任务1　了解保温绝热材料

保温材料

通常把热导率（导热系数）λ<0.23W/(m·K)，并能用于绝热工程的材料称为绝热材料；把用于控制室内热量外流的材料叫保温材料；把能防止热量进入室内的材料叫隔热材料。绝热、保温、隔热材料总称为保温绝热材料。保温绝热材料的分类：

1）保温绝热材料按成分分为两类：有机保温材料和无机保温材料。

2）保温绝热材料按形状可分为松散隔热保温材料、板状隔热保温材料、整体保温隔热材料。整体保温隔热材料一般是用松散的保温隔热材料作集料，经浇注或喷涂制成。

部分保温绝热材料如图9-1所示。

a) 膨胀珍珠岩　　　　　b) 泡沫玻璃　　　　　c) 岩棉保温板

图9-1　部分保温绝热材料

任务2　了解常用保温绝热材料的技术特点及应用

1. 无机保温材料

1）无机保温材料的主要优点：防火隔燃、变形系数小、抗老化、性能稳定、不消耗有机能源、可废料利用、与墙基层和抹面层的结合较好、安全稳固性好、使用寿命长、施工难度小和成本较低等。

2）无机保温材料的主要缺点：质量较大、致密性较差、加工困难、保温隔热性能稍差。

（1）泡沫混凝土与加气混凝土

1）如图9-2所示的泡沫混凝土砌块，它是由水泥、发泡剂、外加剂等材料混合后经搅拌发泡、成型、养护制成的一种多孔、轻质、保温隔热、吸声的材料；也可用粉煤灰、石膏和泡沫剂制成粉煤灰泡沫混凝土。泡沫混凝土的密度为300~500kg/m³，热导率为0.08~0.12W/(m·K)，常用于屋面、墙体、地面的保温隔热。

2）加气混凝土是由水泥、石灰、粉煤灰和发气剂（铝粉）配制而成的，是一种保温绝热性能良好的轻质材料。加气混凝土密度小（300~850kg/m³），热导率是黏土砖的几分之一，具有轻质、高强、保温、隔声、防火等性能，常用于建筑围护结构部分的保温隔热，图9-3为加气混凝土墙体。

（2）硅藻土与硅酸钙绝热制品

1）硅藻土制品（砖）是以硅藻土为主要原料添加一些可燃材料，经混合、成型、烧结等工序制成的。其孔隙率为50%~80%，密度为500kg/m³，热导率为0.17W/(m·K)左右，最高使用温度可达900℃。作为保温材料，它具有孔隙率大、密度小、保温隔热、使用温度高、耐酸、吸水性和渗透性强等特性，广泛用于工业及民用建筑的保温隔热，还可用于锅炉、蒸馏器、热处理炉、干燥器的保温。图 9-4 为硅藻土及其制品。

图 9-2　泡沫混凝土砌块

图 9-3　加气混凝土墙体

a) 硅藻土

b) 硅藻土砖

c) 硅藻土壁材料

图 9-4　硅藻土及其制品

2）硅酸钙绝热制品如图 9-5 所示，它由硅藻土或硅石与石灰等经配料、拌和、成型及水热处理后制成的。以托贝莫来石为主要水化产物的硅酸钙，密度为 170~240kg/m³，热导率为 0.058~0.070W/(m·K)，最高使用温度约 650℃；以硬硅钙石为主要水化产物的硅酸钙，密度为 140~270kg/m³，热导率为 0.058~0.075W/(m·K)，最高使用温度约 1000℃。硅酸钙隔热制品具有密度小、强度高、耐久性好、施工方便、吸水率高等特点，常用于电力、化工、冶金、石化、纺织、轻工、建材等设备和管道的保温，还可用于建筑、船舶和列车的隔热保温。

a) 硅酸钙管

b) 硅酸钙板

图 9-5　硅酸钙绝热制品

（3）膨胀珍珠岩

膨胀珍珠岩是由珍珠岩、黑曜岩和松脂岩等酸性玻璃质火山岩经破碎、筛分、预热和煅烧（850~1150℃）膨胀制得的具有多孔结构的白色粒状或粉状材料。膨胀珍珠岩按堆积密度分为 70 号、100 号、150 号、200 号和 250 号五个标号，按用途分为大颗粒膨胀珍珠岩、膨胀珍珠岩和膨胀珍珠粉。膨胀珍珠岩最高使用温度为 800℃，最低使用温度为 $-200℃$；具有质轻、隔热、热导率小 $[0.060\sim0.087W/(m\cdot K)]$、防火、吸声、耐腐蚀、无毒、无味、无刺激性和价格低廉等特性。膨胀珍珠岩既可作为墙体保温和隔热材料，如图 9-6 所示，又可作为室内吸声材料，如图 9-7 所示，广泛应用于民用建筑中的保温隔热、防火、吸声，工业管道的保温、保冷绝热（工业冷库、食品冷库），农林园艺方面的无土栽培、土壤改良等。

图 9-6　膨胀珍珠岩颗粒及保温板

图 9-7　膨胀珍珠岩吸声板

（4）岩棉、矿渣棉

岩棉、矿渣棉是以天然岩石或者冶金矿渣为原料，以焦炭为燃料，采用喷射法或离心法制成的絮状物或细颗粒材料，密度为 $80\sim140kg/m^3$，热导率为 $0.030\sim0.044W/(m\cdot K)$，最高使用温度为 700℃。岩棉、矿渣棉均是无机纤维类保温、隔热、吸声材料，具有密度小、热导率低、不燃与吸声效果好等特点，适合于各种形状的保温和吸声工程的填充材料。建筑用岩棉板具有防火、保温、吸声性能，主要用于建筑墙体、屋顶的保温隔声、建筑隔墙、防火墙、防火门和电梯井的防火和降噪。岩棉、矿渣棉及其制品如图 9-8 所示。

图 9-8　岩棉、矿渣棉及其制品

e) 岩棉板　　　　　　　　　　　f) 矿渣棉板

图 9-8　岩棉、矿渣棉及其制品（续）

（5）泡沫玻璃

泡沫玻璃是以玻璃粉为基料，加入外加剂通过隧道窑高温焙烧制成的，是高性能的保温隔热材料。其特点是密度小（150~600kg/m³），热导率小［0.05~0.11W/(m·K)］，不透湿、吸水率小；最高使用温度为500℃，不燃烧、不霉变；机械强度高、加工方便、耐化学腐蚀（氢氟酸除外）、本身无毒、性能稳定，既是保冷材料又是保温材料，能适应深冷到较高温度范围；不但安全可靠，而且经久耐用，具有防火、抗震能力。泡沫玻璃一般应用于建筑的墙体、屋面和其他建筑构件的保温绝热部分，用于屋面保温时还可以起到第二道防水的作用。泡沫玻璃及其制品如图9-9所示。

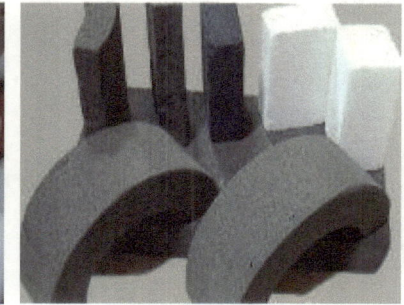

a) 泡沫玻璃　　　　　　　　　　b) 泡沫玻璃弧形板

图 9-9　泡沫玻璃及其制品

2. 有机保温材料

有机保湿材料的种类有聚苯颗粒、膨胀型聚苯板（EPS）、挤塑型聚苯板（XPS）、聚氨酯硬质泡沫塑料（PU）和橡塑海绵保温材料。有机保温材料的特点是质轻、致密性高、保温隔热性好。

（1）聚苯颗粒

在聚苯乙烯生产过程中加入一定量的发泡剂和其他多种助剂形成珠粒形树脂颗粒，然后经过膨胀发泡得到聚苯颗粒（图9-10a）。聚苯颗粒的热导率≤0.06W/(m·K)，堆积密度为8~21kg/m³，通常为阻燃型，可满足外保温防火要求，具有较好的耐候性，施工适应性好，使用温度不宜超过70℃。胶粉聚苯颗粒浆料（图9-10b）可直接在墙体基层施工，作为墙体的保温层。由于易于抹灰成型、整体性能好，聚苯颗粒特别适合建筑造型复杂的各种外墙保温工程。

图 9-10　聚苯颗粒及胶粉聚苯颗粒浆料

（2）膨胀型聚苯板及挤塑型聚苯板

聚苯乙烯板根据成型方式不同分为膨胀型聚苯板（模塑聚苯板）和挤塑型聚苯板，它们的绝热性能均很好，使用温度均不宜超过75℃。

膨胀型聚苯板的热导率为 0.038~0.041W/(m·K)，吸水率为 0.050%~0.156%，强度较低，抗裂性能优良，应用十分广泛，技术标准较为完备和成熟。膨胀型聚苯板及工程应用如图 9-11 所示。

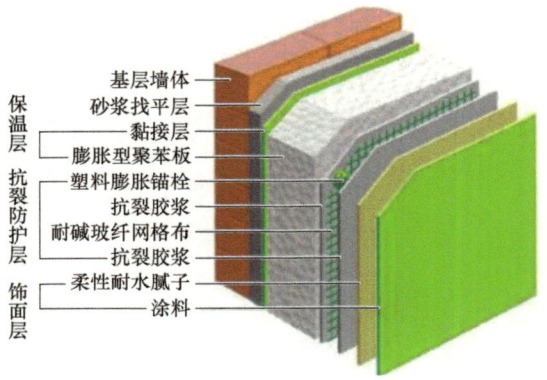

图 9-11　膨胀型聚苯板及工程应用

挤塑型聚苯板的热导率为 0.028~0.030W/(m·K)，吸水率为 0.05%~0.15%，抗压强度高，耐老化，性能稳定，很适合屋面使用；用于墙面时易翘曲变形。挤塑型聚苯板及工程应用如图 9-12 所示。

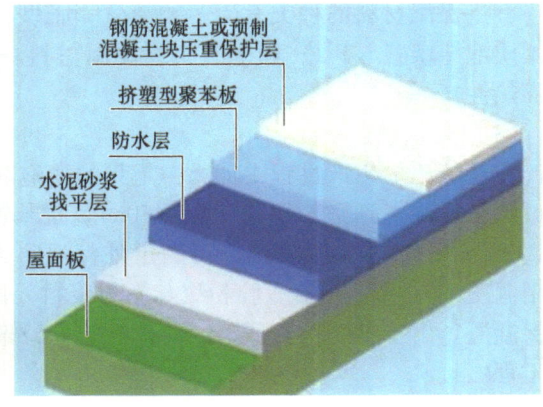

图 9-12　挤塑型聚苯板及工程应用

（3）聚氨酯硬质泡沫塑料

聚氨酯硬质泡沫塑料（简称聚氨酯硬泡）是指将两种化工原料混合后经发泡机加压和混合，再用压缩空气喷涂于需保温的表面，在瞬间发泡形成的硬质泡沫体，如图 9-13 所示。聚氨酯硬质泡沫塑料多为闭孔结构，其优点如下：

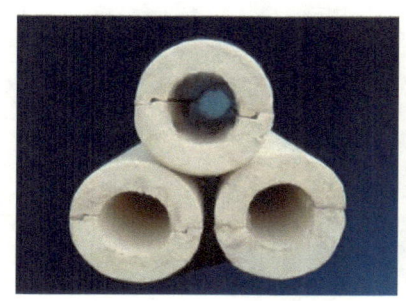 

图 9-13　聚氨酯硬质泡沫塑料及工程应用

1）热导率低，保温隔热效果好。当聚氨酯硬质泡沫塑料的密度为 $30\sim45kg/m^3$ 时，热导率仅为 $0.024\sim0.030W/(m\cdot K)$。在同样保温效果下，聚氨酯硬质泡沫塑料的保温层厚度相当于发泡型聚苯板的一半。

2）与基层黏结性能好。聚氨酯硬质泡沫塑料可采用直接喷涂或浇注的方式形成于基层，与基层牢固地黏合。聚氨酯硬质泡沫塑料可与砌块、砖、石、混凝土、木材、金属和玻璃等材料粘贴。

3）良好的力学性能。聚氨酯硬质泡沫塑料具有很高的压缩强度和剪切强度，可形成坚固的保温复合结构。

4）密度小，是轻质材料。

5）防水性能好。聚氨酯硬质泡沫塑料闭孔率高，可达 95% 以上，所以其吸水率低，不易透水，防水效果好。

6）可现场喷涂或浇注施工，保温层整体性好。聚氨酯硬质泡沫塑料可采用专用设备进行现场喷涂或浇注施工，施工具有连续性，可使整个保温层形成无接缝连续整体。

7）良好的尺寸稳定性。在 $-30\sim80℃$ 范围内，聚氨酯硬质泡沫塑料体积变化率很低，这可以降低保温层变形开裂的可能性。

8）良好的阻燃性能，且可调节。

9）耐候性及化学稳定性好。聚氨酯硬质泡沫塑料可以经受 $-30\sim80℃$ 的温度变化考验而正常使用。聚氨酯硬质泡沫塑料耐弱酸和弱碱等化学物质。

10）无毒、无刺激性，无生物寄生性，属于环保材料。

聚氨酯硬质泡沫塑料的缺点：成本高，现场喷涂质量不易控制。

聚氨酯硬质泡沫塑料广泛应用在热力管道的保温方面。

（4）橡塑海绵保温材料

橡塑海绵保温材料为闭孔弹性材料，如图 9-14 所示。其特点如下：

1）热导率低。平均温度为 0℃ 时，热导率为 $0.034W/(m\cdot K)$。

2）阻燃性能好。材料中含有大量的阻燃减烟原料，燃烧时产生的烟浓度极低，而且遇火不熔化，不会滴下着火的黏体，为 B1 级难燃材料。

3）安装方便，外形美观。产品富有柔软性，安装简易方便。材料外表有橡胶，光滑平

图 9-14　橡塑海绵保温材料

整,不需另加隔离层及防护层,减少了施工工艺,保证了外形美观与平整。

4)减振。橡塑海绵保温材料具有很高的弹性,因而能有效地减轻冷冻水和热水管道在使用过程中的振动和共振。

5)橡塑海绵保温材料的使用过程较安全,不会危害人员健康。橡塑海绵保温材料能防止霉菌生长,避免害虫或老鼠啮咬,而且耐酸抗碱。

橡塑海绵保温材料主要用于管道的保温。

项目 10 建筑塑料

典型工作任务：

【典型任务】

某建筑设计有限公司设计的综合楼图纸的建筑设计总说明中对材料的要求分别摘录如下：

	表观密度/(kg/m³)	热导率/(W/m·K)	压缩强度/MPa	燃烧性能级别
挤塑型聚苯板	25~32	≤0.030	≥0.15	B2

图纸中的挤塑型聚苯板是什么材料？

地面 4	255	环氧树脂自流平地面；《工程用料做法》（12YJ1）第 31 页的"地 109"	用于一层实训室

图纸中地面做法中的环氧树脂是什么？

顶棚 1	—	铝塑板吊顶；《工程用料做法》（12YJ1）第 97 页的"棚 8"（取消纸面石膏板）	用于盥洗室、卫生间

图纸中顶棚 1 的做法是什么？为什么采用这种吊顶材料？

1. 门厅入口大门为彩色铝合金全玻门，内门为实木套装门（带门套）。外窗为断桥铝合金中空玻璃窗（6mm+12mm+6mm），气密性等级为 7 级，水密性能分级为 4 级，抗风压性能分级为 5 级，玻璃门设安全警示线。
2. 塑钢窗所用连接件及固定件均应经防腐处理，连接时需在接触处加设塑料或橡胶垫片。

图纸中断桥铝合金中空玻璃窗和塑钢窗的保温隔热性能如何，如何实现隔热效果？

雨水管采用 UPVC 管，距地 2m 为焊接钢管。

图纸中的 UPVC 是什么材质？

典型任务目标：

根据典型工作任务，确定学习任务。确定需要达到的任务目标如下：
1. 了解建筑塑料的分类、优（缺）点。
2. 能根据工程特点及要求合理使用建筑塑料。
3. 通过本项目的学习，加强环保意识，践行工匠精神。

学习任务:

任务 1　了解建筑塑料的分类及应用

建筑塑料

建筑塑料是指用于建筑工程的塑料制品的统称。塑料是以合成高分子化合物或天然高分子化合物为主要基料，与其他原料在一定条件下经混炼、塑化成型，在常温常压下能保持产品形状不变的材料。塑料的主要成分是合成树脂，根据树脂与制品的不同性质，要求加入不同的添加剂，如稳定剂、增塑剂、增强剂、填料和着色剂等。塑料可加工成各种形状和颜色的制品，加工方法简便，自动化程度高，生产能耗低。因此，塑料制品广泛应用于工业、农业、建筑业和人们的日常生活中。制造建筑塑料制品常用的成型方法有压延、挤出、注射、压缩、涂布和层压等。

塑料在建筑中一般用于非结构材料，仅有一小部分用于制造承受轻荷载的结构构件，如塑料波形瓦、候车棚、储水塔罐和充气结构等；更多的是与其他材料复合使用，可以充分发挥塑料的特性，如用作电线的被覆绝缘材料、人造板的贴面材料、有泡沫塑料夹心层的各种复合外墙板以及屋面板等。所以，建筑塑料是有广阔发展前途的一种建筑材料。

一、塑料的分类

根据塑料中树脂的热性能可分为热塑性塑料和热固性塑料。热塑性塑料经加热成形、冷却硬化后，再经加热时还具有可塑性，如聚氯乙烯（PVC）、聚乙烯（PE）、聚丙烯（PP）、聚苯乙烯（PS）、有机玻璃（PMMA）和聚碳酸酯（PC）等，如图 10-1 和图 10-2 所示；热固性塑料是经初次加热成型并冷却固化后，多数有机高分子发生聚合反应，形成了热稳定的高聚物，即使再经加热也不会软化和产生塑性，如酚醛树脂、脲醛树脂、三聚氰胺树脂、环氧树脂、有机硅树脂和聚氨酯等，如图 10-3 和图 10-4 所示。总之，热塑性塑料的塑化和硬化过程是可逆的，而热固性塑料的塑化是不可逆的。

a) 聚氯乙烯(PVC)

b) 聚乙烯(PE)

c) 聚丙烯(PP)

图 10-1　热塑性塑料（1）

a) 聚苯乙烯(PS)

b) 有机玻璃(PMMA)

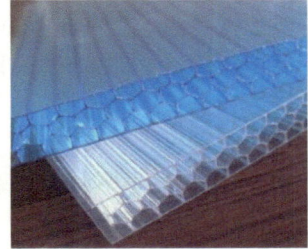
c) 聚碳酸酯(PC)

图 10-2　热塑性塑料（2）

 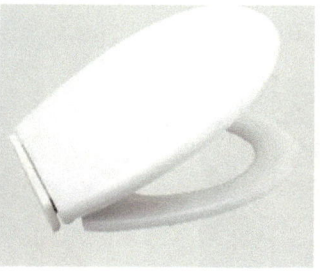 

a) 酚醛树脂　　　　　　b) 脲醛树脂　　　　　　c) 三聚氰胺树脂

图 10-3　热固性塑料（1）

 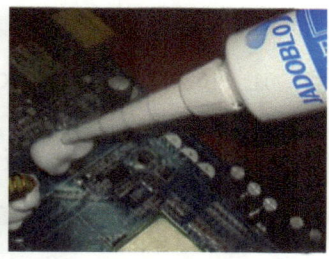 

a) 环氧树脂　　　　　　b) 有机硅树脂　　　　　　c) 聚氨酯

图 10-4　热固性塑料（2）

二、塑料的性质

塑料有以下优点：轻质，比强度高，某些玻璃纤维增强塑料（玻璃钢）的强度质量甚至比钢铁还要高；加工性能好；热导率小；装饰性优异；是热和电的良好绝缘体，抵抗化学腐蚀能力强，具有多功能性；经济性好。

大部分塑料的主要缺点：耐热性差，易燃；易老化；热膨胀较大；塑料的弹性模量较低，易产生变形，刚度小。

塑料及其制品的优点大于缺点，且塑料的缺点可以通过增强、复合以及采取适当措施加以改进。

三、建筑塑料的应用

1. 塑料管材、管件

用塑料制造的管材及接头管件，已广泛应用于室内排水、自来水、化工及电线穿线管等管路工程中。塑料管材与金属管材相比，具有生产成本低，容易模制；质量小，运输和施工方便；表面光滑，流体阻力小；不生锈，耐腐蚀，适应性强；韧性好，强度高，使用寿命长，能回收加工再利用等优点。其缺点是塑料的线胀系数比铸铁大 5 倍左右，所以在较长的塑料管路上需要设置柔性接头。

塑料管材的连接方法有胶粘法、热熔接法、螺纹连接法、法兰盘连接法以及带有橡胶密封圈的承插式连接法。塑料管材按用途可分为受压管和无压管；按主要原料可分为聚氯乙烯管、聚乙烯管、聚丙烯管、ABS 管、聚丁烯管、玻璃钢管、铝塑复合管等；还可分为软管和硬管等。

1）硬聚氯乙烯（PVC-U）管，主要用于给水管道的非饮用水管道、排水管道和雨水管道，通常直径为 40～100mm，使用温度不高于 40℃，如图 10-5 所示。

2）氯化聚氯乙烯（PVC-C）管，主要用于冷热水管、消防水管和工业管道，寿命可达 50 年，使用温度高达 90℃，如图 10-6 所示。

图 10-5　硬聚氯乙烯（PVC-U）管

图 10-6　氯化聚氯乙烯（PVC-C）管

3）无规共聚聚丙烯（PP-R）管，用于冷热水管和饮用水管，不得用于消防给水系统，如图 10-7 所示。

4）丁烯（PB）管，应用于冷热水管和饮用水管，如地板辐射采暖系统，如图 10-8 所示。

图 10-7　无规共聚聚丙烯（PP-R）管

图 10-8　丁烯（PB）管

5）交联聚乙烯（PEX）管，主要用于地板辐射采暖系统的盘管，如图 10-9 所示。

6）铝塑复合管，一般用于冷热水管和饮用水管，如图 10-10 所示。

图 10-9　交联聚乙烯（PEX）管

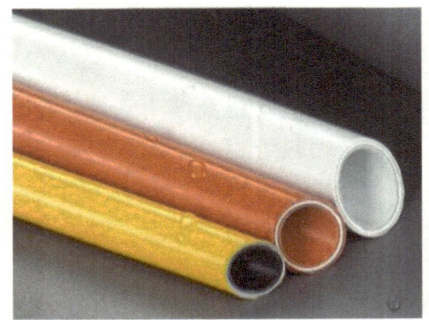
图 10-10　铝塑复合管

2. 塑料门窗和装修配件

随着建筑塑料工业的发展，塑钢门窗、玻璃钢门窗、全塑料门窗、喷塑钢门窗以及断桥铝门窗得到了越来越广泛的应用，如图 10-11 和图 10-12 所示。玻璃钢是一种玻璃纤维增强塑料，一般分为聚酯玻璃钢、环氧玻璃钢、酚醛树脂玻璃钢三种。断桥铝门窗一般在铝合金框材之间加设尼龙66（聚己二酰己二胺）一类的隔断热桥塑料。与其他门窗相比，塑料门窗具有耐水、耐腐蚀、气密性及水密性好、绝热性及隔声性好、耐燃、尺寸稳定性和装饰性好，而且不需要涂料施工，维修保养方便，节能效果显著，节约木材、钢材以及铝材等优点。

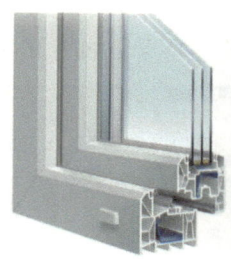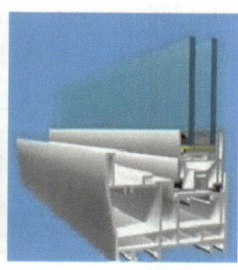

图 10-11　塑钢门窗、玻璃钢门窗和全塑料门窗

图 10-12　喷塑钢门窗和断桥铝门窗

采用硬质发泡聚氯乙烯或聚苯乙烯制造的室内装修配件，常用于墙板护角、门窗口的压缝条、石膏板的嵌缝条、踢脚板、挂镜线和楼梯扶手等处。它还兼有建筑构造部件和艺术装饰品的双重功能，既可提高建筑物的装饰水平，又能发挥塑料制品外形美观和便于加工的优点。

3. 塑料壁纸、塑料地板等

塑料壁纸如图 10-13 所示，包括涂塑壁纸和压塑壁纸。涂塑壁纸是以木浆原纸为基层，涂布由氯乙烯-醋酸乙烯共聚乳液与钛白、瓷土、颜料和助剂等配成的乳胶涂料，烘干后再印花制成。聚氯乙烯塑料壁纸属于压塑壁纸，是由聚氯乙烯树脂与增塑剂、稳定剂、颜料和填料经混炼、压延成薄膜，然后与纸基热压复合，再印花、压纹制成。两种壁纸均具有耐擦洗和透气性好的特点。

图 10-13　塑料壁纸

塑料地板有半硬质聚氯乙烯地面砖和弹性聚氯乙烯卷材地板两大类。半硬质聚氯乙烯地面砖的基本尺寸为边长300mm的正方形，厚度为1.5mm。其主要原料为聚氯乙烯或氯乙烯和醋酸乙烯的共聚物，填料为重质碳酸钙粉及短纤维石棉粉。产品表面可以有耐磨涂层、色彩图案或凹凸花纹。弹性聚氯乙烯卷材地板的优点是地面接缝少，容易保持清洁；弹性好，步感舒适；具有良好的绝热吸声性能。塑料地板与传统的地面材料相比，具有质轻、美观、耐磨、耐腐蚀、防潮、吸声、绝热、有弹性、施工简便、易于清洗与保养等特点，如图10-14所示。

图10-14　塑料地板

其他塑料制品还有塑料饰面板、膜结构和生态木（树脂加木质纤维材料）等，也广泛应用于建筑工程及装饰工程中，如图10-15～图10-17所示。

图10-15　塑料饰面板

PE塑料薄膜　　　　　　　　　　　ETFE膜结构（乙烯-四氟乙烯共聚物）

图10-16　膜结构

项目 10 建筑塑料

图 10-17　生态木

在选择和使用塑料时，应注意其耐热性、抗老化能力、强度和硬度等性能指标。

4. 防水及保温材料

在基础或屋面工程中可制作防水卷材、塑料排水板或塑料防水板、塑料土工布或塑料加筋网等，如图 10-18～图 10-21 所示。

图 10-18　塑料排水板、塑料防水板

图 10-19　防水卷材

图 10-20　塑料土工布

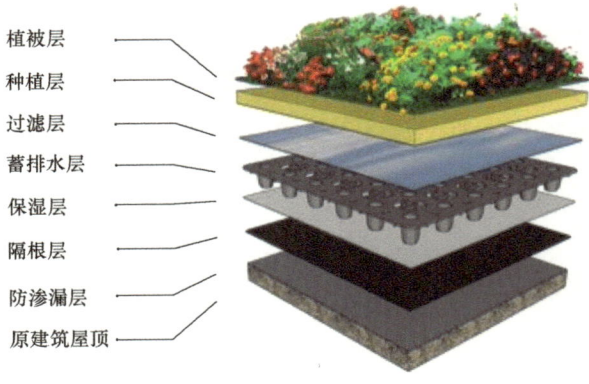

图 10-21　建筑塑料的应用——种植屋面

泡沫塑料是一种轻质多孔制品，具有不易塌陷，不因吸湿而丧失绝热效果的优点，是优良的保温和吸声材料。产品有板状、块状或特制的形状，也可以进行现场喷涂。泡孔互相联通的，称为开孔泡沫塑料，具有较好的吸声性和缓冲性；泡孔互不贯通的，称为闭孔泡沫塑料，具有较小的热导率和吸水性。建筑中常用的泡沫塑料有聚氨酯泡沫塑料、聚苯乙烯泡沫塑料与脲醛泡沫塑料，如图 10-22 所示。聚氨酯泡沫塑料的优点是可以在施工现场用喷涂法发泡，它与墙面其他材料的黏结性良好，并耐霉菌侵蚀。

a) 聚氨酯泡沫塑料

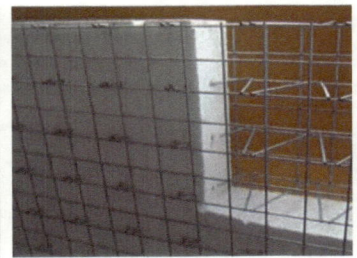

b) 聚苯乙烯泡沫塑料

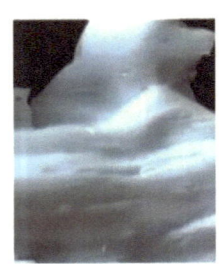

c) 脲醛泡沫塑料

图 10-22　常用的三种泡沫塑料

任务 2　了解常用建筑塑料的技术特点及应用

建筑上常用的建筑塑料有以下几种：

1. 聚乙烯塑料

聚乙烯塑料（图10-23）是由聚乙烯树脂聚合制成的，聚合方法分为高压、中压和低压三种。聚乙烯塑料为白色半透明材料，具有优良的电绝缘性能和化学稳定性，但机械强度不高，质地较柔韧，不耐高温，在建筑上主要制成管道或水箱，用于排放或储存冷水；制成薄膜，用于防潮、防水工程，或制成绝缘材料。聚乙烯由石油裂解分离得到，材料来源丰富。

  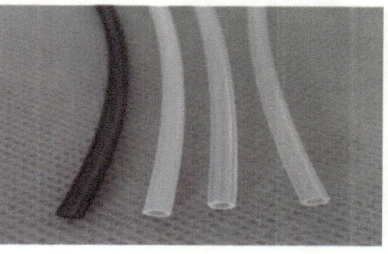

图10-23　聚乙烯塑料

2. 聚氯乙烯塑料

聚氯乙烯塑料如图10-24所示，由聚氯乙烯树脂加入增塑剂填料、颜料和其他附加剂等制成的具有多种颜色的半透明或不透明塑料。加入不同量的增塑剂可制得硬质或软质制品。它的使用温度范围为-15~55℃，化学稳定性好，可耐酸和盐碱的腐蚀，并且耐磨，具有吸声、减振功能，其抗弯强度大于60MPa。

图10-24　聚氯乙烯塑料

3. 酚醛塑料

酚醛塑料（图10-25）是由酚类和醛类材料结合制成的，具有耐热、耐湿、耐化学侵蚀和电绝缘等性能，但较脆，不耐撞击。酚醛塑料的颜色有棕色和黑色两种，在建筑工程中主要用作电木粉、玻璃钢和层压板等。

图10-25　酚醛塑料

4. 聚甲基丙烯酸甲酯塑料

聚甲基丙烯酸甲酯塑料俗称有机玻璃，如图 10-26 所示，在不加其他组分时制成的塑料具有高度的透明性，在建筑上可制成采光用的平板或瓦楞板；在树脂中加入颜料、染料、稳定剂和填充料后，可经挤压或模塑后制成表面光洁的建筑制品；用玻璃纤维增强的树脂可制成浴缸等卫浴用品。

图 10-26　有机玻璃

塑料制品一般具有耐酸、耐碱、耐腐蚀等优点，但是往往在温度发生变化时，在外界阳光、空气和水的作用下会发生变形或老化，所以塑料制品要注意避免阳光长期直射，避免接触长期的高温环境。

项目 11 建筑装饰材料

典型工作任务：

【典型任务】

某建筑设计有限公司设计的综合楼图纸的建筑设计总说明中对材料的要求摘录如下：

> 1. 外装修：
> 1）外墙外饰面做法参见 LS 复合墙体自保温系统建筑构造（挤塑型聚苯板保温系统）。
> 2）外墙外饰面采用米黄色真石漆外墙涂料，分格样式见效果图。
> 3）外装修选用的各项材料，其材质、规格、颜色等，均由施工单位提供栏板，经建设和设计单位确认后进行封样，并据此施工验收。
> 2. 外窗：外窗采用 60 系列断桥铝 Low-E 中空玻璃门窗，气密性应符合《建筑外门窗气密、水密、抗风压性能检测方法》（GB/T 7106—2019）的规定。所有外窗的传热系数为 $2.0W/(m^2 \cdot K)$，采用塑钢框 Low-E 中空玻璃，玻璃组合厚度为 6mm+12A+6mm，且开启方式为内平开；外门采用塑钢框 Low-E 中空玻璃，传热系数为 $1.90W/(m^2 \cdot K)$，玻璃组合厚度为 6mm+12A+6mm，且开启方式为外平开。

图纸中外墙外饰面采用的做法是什么？保温系统的材料是什么？外窗采用什么材料？外窗材料具有什么特点和性质？

典型任务目标：

根据典型工作任务，确定学习任务。确定需要达到的任务目标如下：
1. 能根据工程特点及要求，合理选用建筑陶瓷的品种。
2. 能根据工程特点及要求，合理选用玻璃的品种。
3. 了解石材及建筑陶瓷的分类。
4. 掌握建筑玻璃的分类、特点与应用。
5. 了解金属装饰材料和涂料的种类。
6. 通过本项目的学习，加强节约意识，践行工匠精神。

装饰材料

学习任务：

建筑装饰材料是指在建筑中用于外立面、内墙面、楼地面和顶棚等部位起装饰作用的材料，主要有石材、陶瓷、玻璃、金属材料、涂料和硅藻泥等，如图 11-1 所示。

图 11-1 常用建筑装饰材料
a) 石材　b) 陶瓷　c) 玻璃　d) 涂料　e) 金属材料　f) 硅藻泥

任务 1　了解天然石材的主要技术性能及应用

一、石材的分类

天然岩石按地质成因可分为火成岩、沉积岩和变质岩三大类，如图 11-2 所示。

1）火成岩也称岩浆岩，由地壳深处的熔融岩浆上升冷却而成，具有结晶结构而没有层理。

2）沉积岩也称水成岩，是各种岩石经风化、搬运、沉积和再造岩作用形成的岩石。沉积岩呈层状构造，孔隙率和吸水率较大，强度和耐久性较火成岩要低。但因沉积岩分布广泛，容易加工，在建筑上应用较多。

3）变质岩是地壳中原有的岩石在地质运动过程中受到高温和高压的作用，在固态下发生矿物成分、结构构造和化学成分变化形成的新岩石。建筑中常用的变质岩有大理岩、蛇纹岩、石英岩、片麻岩和板岩等。

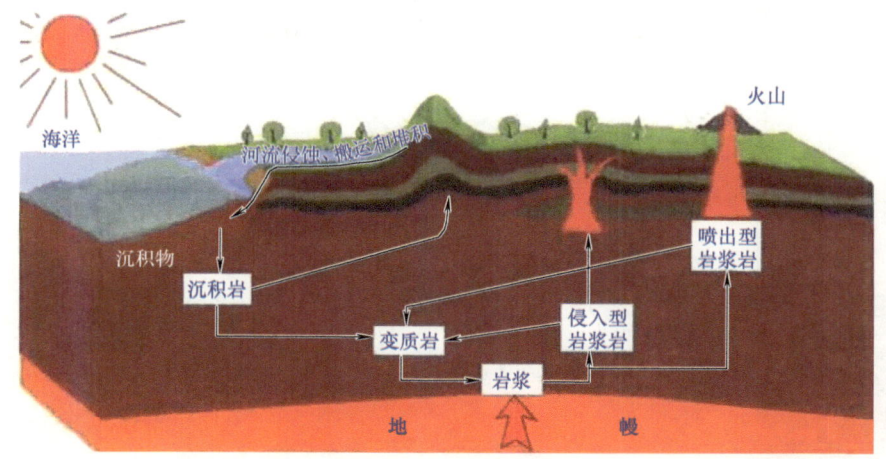

图 11-2　天然岩石的形成

二、石材的主要物理、力学性能

1. 石材的物理性能

石材的表观密度与其矿物组成和孔隙率等因素有关。表观密度大的石材，孔隙率小、抗压强度高、耐久性好。

按照表观密度的大小可将石材分为：重质石材，表观密度>1800kg/m³；轻质石材，表观密度<1800kg/m³。

2. 石材的力学性能（强度）

石材的强度等级依据《砌体结构设计规范》（GB 50003—2011）分为按从小到大、从左往右排。它是以 3 个边长为 70mm 的立方体试块的抗压强度平均值为依据划分的。

石材的硬度取决于组成矿物的硬度和构造，硬度影响石材的加工性和耐磨性。石材的硬度常用莫氏硬度表示，它是一种刻划硬度。

三、石材的应用

1）毛石也称片石，是采石场经爆破后直接获得的形状不规则的石块，如图 11-3 所示。

图 11-3　毛石

2）料石是由人工或机械开采出的较规则的六面体石块经凿琢制成，如图 11-4 所示。

3）用于建筑物内外墙面、柱面、地面、栏杆和台阶等处装修用的石材称为饰面石材。饰面石材的外形可以是加工成平面的板材，或者是加工成曲面的各种定型件。

饰面石材按岩石种类分类主要有大理石和花岗石两大类，如图 11-5 所示。

图 11-4 料石

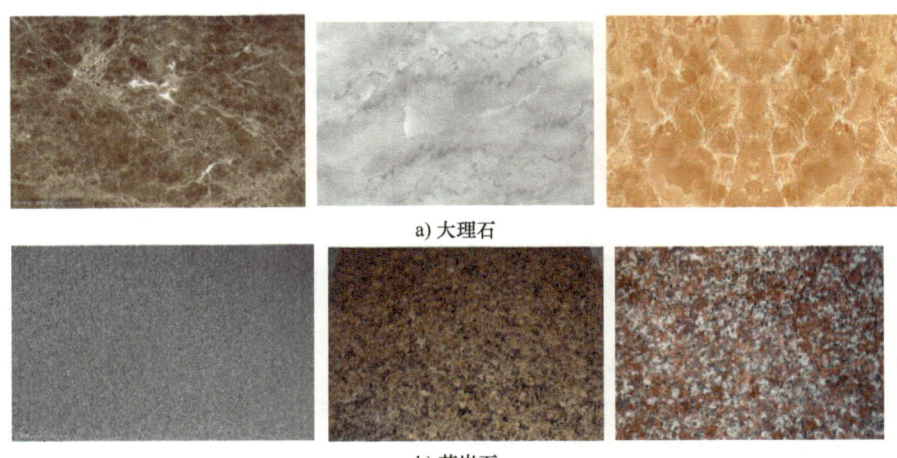

a) 大理石

b) 花岗石

图 11-5 大理石和花岗石

大理石是指变质或沉积的碳酸盐类岩石,有大理岩、白云岩、石英岩和蛇纹岩等。花岗石是指可开采为石材的各类火成岩,有花岗岩、安山岩、辉绿岩、辉长岩和玄武岩等。

大理石饰面材料因主要成分碳酸钙不耐大气中酸雨的腐蚀,所以除了少数几个含杂质少、质地较纯的品种(如汉白玉和艾叶青等)以外,其余品种不宜用于室外装修工程,因其面层会很快失去光泽,并且耐久性会变差。而花岗石饰面石材抗压强度高,耐磨性和耐久性均较高,不论用于室内或室外,使用年限都很长。

4)色石子也称色石渣,是由天然大理石、白云石、方解石或花岗岩等石材经破碎筛选加工而成,作为集料主要用于人造大理石、水磨石、水刷石、干粘石和斩假石等建筑物面层的装饰工程,如图 11-6 所示。

图 11-6 色石子

任务 2　了解建筑陶瓷的主要技术性能及应用

建筑陶瓷通常是指用于建筑物内外墙面、地面及卫生洁具的陶瓷材料和制品，另外还有在园林或仿古建筑中使用的琉璃制品。它具有强度高、耐久性好、耐腐蚀、耐磨、防水、防火、易清洗以及花色品种多、装饰性好等优点。

一、建筑陶瓷的分类及应用

陶瓷制品可分为陶、瓷和炻三类。陶、瓷通常又各分为精（细）和粗两类。瓷质砖（瓷砖）吸水率≤0.5%；炻瓷砖吸水率>0.5%且≤3%；细炻砖吸水率>3%且≤6%；炻质砖吸水率>6%且≤10%；陶质砖吸水率>10%。

瓷砖依据用途分为外墙砖、内墙砖、地砖、广场砖和工业砖等；依据品种分为釉面砖、通体砖（同质砖）、抛光砖、玻化砖、渗花砖、瓷质釉面砖（仿古砖）和陶瓷锦砖。

1）釉面砖（图 11-7）是指砖的表面经过烧釉处理的砖，其表面用釉料一起烧制而成，主体又分陶土和瓷土两种，陶土烧制出来的釉面砖背面呈红色，瓷土烧制的釉面砖背面呈灰白色。釉面砖表面可以做各种图案和花纹，比抛光砖色彩和图案更丰富，因为表面是釉料，所以耐磨性不如抛光砖。

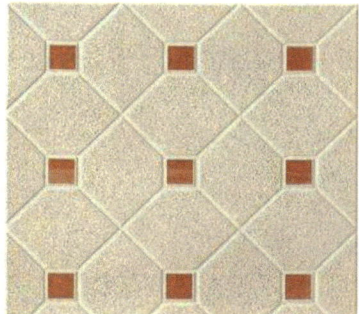

图 11-7　釉面砖

2）广场砖是用于铺砌广场及道路的陶瓷砖。

3）吸水率低于 0.5% 的陶瓷砖都称为玻化砖，如图 11-8 所示。抛光砖吸水率低于 0.5%，也属玻化砖，抛光砖只是将玻化砖进行镜面抛光制得，市场上的玻化砖、玻化抛光砖和抛光砖实际上是同类产品。玻化砖的吸水率越低，玻化程度越好，产品理化性能越好。

图 11-8　玻化砖

4）渗花砖是将可溶性色料溶液渗入坯体内，烧成后呈现色彩或花纹的陶瓷砖。

5）瓷质釉面砖（图11-9）不同于抛光砖和瓷片，它"天生"就有一副"自来旧"的面孔，因此被称为仿古砖、复古砖、古典砖、泛古砖等。设计瓷质釉面砖的本意就是再现"自然"。

图 11-9　瓷质釉面砖

6）陶瓷锦砖又称为陶瓷马赛克（图11-10），是由各种颜色的多种几何形状的小瓷片（长边一般不大于50mm），按照设计的图案反贴在一定规格的正方形牛皮纸上，每张（联）牛皮纸制品的面积约为 $0.093m^2$，每40张（联）装一箱，每箱可铺贴面积约为 $3.7m^2$。

图 11-10　陶瓷马赛克

陶瓷马赛克分为无釉和有釉两种。

二、建筑陶瓷的性质

1）尺寸：产品大小、尺寸统一，可节省施工时间，而且整齐美观。

2）吸水率：吸水率越低，玻化程度越好，产品理化性能越好，越不易因气候变化或热胀冷缩而产生裂缝或剥落。

3）平整性：平整性好的建筑陶瓷，表面不弯曲、不翘角、容易施工，施工后地面十分平坦。

4）强度：抗弯强度高，耐磨性好且抗重压，不易磨损，历久弥新，适合公共场所使用。

5）色差：不同块砖之间存在色泽差异，甚至同一块、不同部位也存在色泽差异。

任务3　了解玻璃及其制品的主要技术性能及应用

课外篇：绿色节能意识

绿色建筑是指在全寿命期内，节约资源、保护环境、减少污染，为人们提供健康、适用、高效的使用空间，最大限度地实现人与自然和谐共生的高质量建筑。

中华文明历来强调天人合一、尊重自然。我国把生态文明建设作为统筹推进"五位一体"总体布局和协调推进"四个全面"战略布局的重要内容，开展一系列根本性、开创性、长远性工作，提出一系列新理念、新思想、新战略，生态文明理念日益深入人心，污染治理力度之大、制度出台频度之密、监管执法尺度之严、环境质量改善速度之快前所未有，推动生态环境保护发生历史性、转折性、全局性变化。

面向未来，我们继续落实创新、协调、绿色、开放、共享的新发展理念，通过科技创新和体制机制创新，实施优化产业结构、构建低碳能源体系、发展绿色建筑和低碳交通、建立全国碳排放交易市场等一系列政策措施，形成人与自然和谐发展的现代化建设新格局。

一、玻璃的性质

1）玻璃的密度为 $2.45 \sim 2.55 \text{g/cm}^3$，其孔隙率接近于 0。
2）玻璃没有固定熔点，宏观均匀（质点排列的特点是短程有序而长程无序），体现各向同性性质。
3）普通玻璃的抗压强度一般为 $600 \sim 1200 \text{MPa}$，抗拉强度为 $40 \sim 80 \text{MPa}$，脆性指数（弹性模量与抗拉强度之比）为 $1300 \sim 1500$，玻璃是脆性较大的材料。
4）玻璃的透光性良好。
5）玻璃的折射率为 $1.50 \sim 1.52$，可以着色。
6）玻璃的热稳定性较差，当产生热变形时，易导致炸裂。
7）玻璃的化学稳定性很强，除氢氟酸外，能抵抗多种介质的腐蚀作用。

二、常用的建筑玻璃

建筑工程中应用的玻璃种类很多，有平板玻璃、磨砂玻璃、磨光玻璃、钢化玻璃、压花玻璃等，如图11-11所示。其中平板玻璃应用最广。

习惯上将窗用玻璃、压花玻璃、磨砂玻璃、磨光玻璃和有色玻璃等统称为平板玻璃。平板玻璃的生产方法有两种：普通方法和浮法。将玻璃液漂浮在金属液（如锡液）面上，让其自由摊平，经牵引逐渐降温退火制成的玻璃，称为浮法玻璃。

（1）平板玻璃

《平板玻璃》（GB 11614—2022）规定，平板玻璃按颜色属性分为无色透明平板玻璃和本体着色平板玻璃两类；按外观质量要求的不同分为普通级平板玻璃和优质加工级平板玻璃两级。平板玻璃的常用厚度规格为2mm、3mm、4mm、5mm、6mm、8mm、10mm、12mm、15mm、19mm、22mm、25mm，厚度应在产品合格证明文件中明示。不应生产常用厚度规格以外的产品。当平板玻璃用于建筑用玻璃领域以外，如信息产业、光伏、交通工具、家电等其他领域并对厚度有特殊要求时，可以生产常用厚度规格以外的产品，但应在合同等文件中对产品厚度做出约定和明示。

（2）磨光玻璃

磨光玻璃是把平板玻璃经表面磨平抛光制成的，分单面磨光和双面磨光两种，厚度一般为5mm或6mm。其特点是表面非常平整，物象透过后不变形，且透光率高（大于84%），一般用于高级建筑物的门窗或橱窗。

（3）钢化玻璃

钢化玻璃是将平板玻璃加热到一定温度后迅速冷却（即淬火）制成的，机械强度比平板玻璃高4~6倍，且耐冲击，破碎时碎片小且无锐角，不易伤人，属于安全玻璃，能耐急热或急冷，透光率大于82%，主要用于高层建筑门窗、车间天窗及高温车间等。

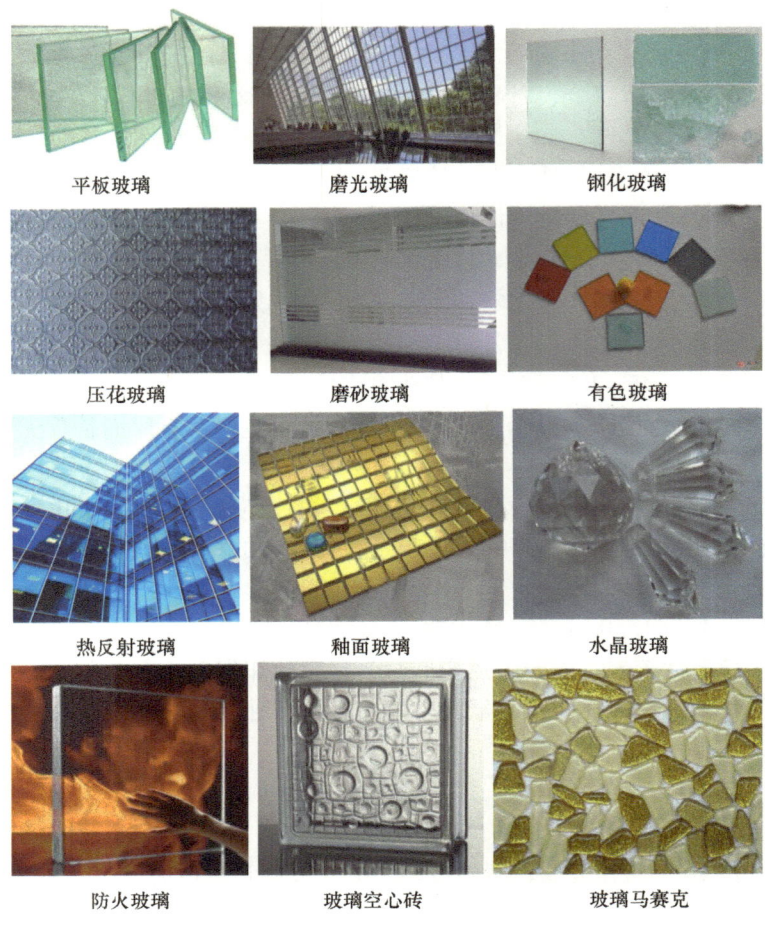

图 11-11　常用玻璃

（4）压花玻璃

压花玻璃是将熔融的玻璃液在快冷过程中通过带图案花纹的辊轴辊压制成的，又称花纹玻璃，一般规格为 800mm×700mm×3mm。压花玻璃具有透光不透视的特点，因其表面有各种图案花纹，所以又具有一定的艺术装饰效果。

（5）磨砂玻璃

磨砂玻璃又称毛玻璃，它是将平板玻璃的表面经机械喷砂、手工研磨或氢氟酸溶蚀等方法处理成均匀毛面制成的。其特点是透光不透视，反射光线不刺目且呈漫反射，常用于不需透视的门窗，如卫生间、厕浴间和走廊等，也可用作黑板的板面。

（6）有色玻璃

有色玻璃是在原料中加入各种金属氧化物作为着色剂而制得的带有红色、绿色、黄色、蓝色或紫色等颜色的透明玻璃。将各种有色玻璃按设计的图案划分后，用铅条或黄铜条拼装成瑰丽的橱窗，装饰效果很好，宾馆、剧院、厅堂等经常采用。

（7）热反射玻璃

热反射玻璃又叫镀膜玻璃，分复合和普通透明两种，具有良好的遮光性和隔热性能。由于这种玻璃表面涂敷金属或金属氧化物薄膜，有的透光率在 45%~65%（对于可见光），有的甚至可在 20%~80% 变动，透光率较低，可以达到遮光及降低室内温度的目的。

(8) 防火玻璃

防火玻璃是由两层或两层以上的平板玻璃之间含有透明不燃胶黏层而制成的一种夹层玻璃，这种玻璃具有优良的防火隔热性能，有一定的抗冲击强度。

(9) 釉面玻璃

釉面玻璃是在玻璃表面涂敷一层易熔性色釉，然后加热到彩釉的熔融温度，使釉层与玻璃牢固地结合在一起。

(10) 水晶玻璃

水晶玻璃也称石英玻璃。这种玻璃制品是高级的立面装饰材料。水晶玻璃中的玻璃珠是在耐火模具中制成的。其主要增强剂是二氧化硅，具有很高的强度，而且表面光滑，耐腐蚀，化学稳定性好。水晶玻璃饰面板具有许多花色品种，其装饰性和耐久性均不错。

(11) 玻璃空心砖

玻璃空心砖一般是由两块经压铸制成的凹形玻璃，再经熔接或胶结形成整块的空心砖。砖面可为光平，也可在内、外面压铸各种花纹；砖的内腔可为空气，也可填充玻璃棉等。砖形有正方形、长方形和圆形等。玻璃空心砖具有一系列优良性能，比如绝热、隔声、透光率达80%，透过的光线柔和优美。其砌筑方法基本上与普通砖相同。

(12) 玻璃马赛克

玻璃马赛克也叫玻璃锦砖，它与陶瓷马赛克在外形和使用方法上有相似之处，但它是乳浊状半透明玻璃质材料，大小一般为20mm×20mm×4mm，背面略凹，四周侧边呈斜面，有利于与基面黏结牢固。玻璃马赛克颜色绚丽，色泽众多，历久弥新，是一种很好的外墙装饰材料。

三、玻璃的保管与储存

玻璃保管不当，易破碎或受潮发霉。透明玻璃一旦受潮发霉，轻者出现白斑、"白毛"或杂光，影响外观质量和透光度；重者发生黏片且难以分开。

平板玻璃应轻放，堆垛时应将箱盖向上，不得歪斜与平放，不得受重压，并应按品种、规格和等级分别放在干燥、通风的库房里，并与碱性物质或其他有害物质（如石灰、水泥、油脂、酒精等）分开。

任务4　了解金属装饰材料的主要技术性能及应用

金属装饰材料经常用于屋面及幕墙系统，有非常现代、时尚、奢华或是低调的装饰效果。

一、建筑铝合金型材

建筑铝合金型材（图11-12）的生产方法分为挤压和轧制两类。经挤压成形的建筑铝合金型材表面存在着不同的污垢和缺陷，同时自然氧化膜薄较软，耐蚀性差，因此必须对表面进行清洗和阳极氧化处理，以提高表面硬度、耐磨性与耐蚀性，然后进行表面着色，使铝合金型材获得多种美观大方的色泽。

建筑铝合金型材使用的合金，主要是铝镁硅合金（LD30、LD31），它具有良好的耐蚀性和机械加工性能，广泛用于加工各种门窗及建筑工程的内外装饰制品。铝合金门窗具有质轻、密封性好、色调美观、耐腐蚀、使用维修方便以及便于进行工业化生产等特点，配以尼龙66制造断桥铝合金门窗具有很好的应用前景，如图11-13所示。

铝合金装饰板具有质轻、耐久性好、施工方便以及装饰华丽等优点，适用于公共建筑室

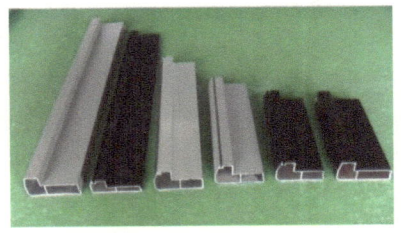

图 11-12 建筑铝合金型材

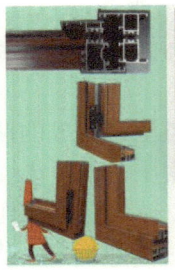

图 11-13 断桥铝合金门窗

内外装饰，颜色有本色、古铜色、金黄色和茶色等，可细分为铝合金花纹板、铝合金压型板和铝合金冲孔板。

二、其他型材

钛锌板、建筑铜板及其系统、铝镁锰合金板，采用 U 型扣槽式板通过扣压系统进行安装，它们能应用于弧形窗、平面窗或者立式窗的装饰。

任务 5　了解涂料的主要技术性能及应用

一、涂料分类

1）涂料按涂层使用的部位分为外墙涂料、内墙涂料、地面涂料和顶棚涂料，如图 11-14 所示。

图 11-14 内（外）墙涂料

2）涂料按涂膜厚度分为薄层涂料、厚层涂料和砂粒状涂料（彩砂涂料）。

3）涂料按主要成膜物质分为有机涂料、无机高分子涂料和有机无机复合涂料。

4）涂料按所使用的稀释剂不同分为溶剂型涂料（有机溶剂作为稀释剂）和水性涂料（水作为稀释剂）。

5）涂料按使用的功能分为防火涂料、防水涂料、防霉涂料和防结露涂料。

二、外墙涂料

外墙涂料用于涂刷建筑外立面，主要功能是装饰和保护建筑物的外墙面，所以十分重要的一项指标就是抗紫外线照射，要求受紫外线长时间照射不变色。外墙涂料还要求有抗水性能，要求有自涤性，漆膜要硬而平整，脏污一冲就掉。外墙涂料能用于内墙使用是因为它也具有抗水性能；而内墙涂料因不具备抗紫外线照射的能力，所以不能把内墙涂料当外墙涂料用。外墙涂料效果图如图11-15所示。

图11-15　外墙涂料效果图

外墙涂料的种类很多，可以分为强力抗酸碱外墙涂料、有机硅自洁抗水外墙涂料、钢化防水腻子粉、纯丙烯酸弹性外墙涂料、有机硅自洁弹性外墙涂料、高级丙烯酸外墙涂料、氟碳涂料、瓷砖专用底漆、瓷砖面漆、高耐候憎水面漆、环保外墙乳胶漆、丙烯酸油性面漆、"外墙油霸"、金属漆和内外墙多功能涂料等。

（1）合成树脂乳液外墙涂料

合成树脂乳液外墙涂料一般使用苯乙烯-丙烯酸乳液作主要成膜物质，属薄层涂料。

（2）合成树脂乳液砂壁状建筑涂料

合成树脂乳液砂壁状建筑涂料（简称彩砂涂料）使用的合成树脂乳液常用苯乙烯-丙烯酸丁酯共聚乳液，施工时通常采用喷涂方法施涂于建筑物的外墙形成粗面厚质涂层。

三、内墙装饰涂料

内墙装饰涂料的主要功能是用来装饰及保护室内墙面，要求涂料便于涂刷，涂层应质地平滑、色彩丰富，并具有良好的透气性，以及耐碱、耐水和耐污染等性能。内墙装饰涂料效果如图11-16所示。

图11-16　内墙装饰涂料效果

（1）合成树脂乳液内墙涂料

合成树脂乳液内墙涂料为薄层内墙装饰涂料。

（2）水溶性内墙涂料

水溶性内墙涂料是以水溶性化合物为基料（如聚乙烯醇），加一定量填料、颜料和助剂，经过研磨、分散后制成的，可分为Ⅰ类和Ⅱ类两大类。

常用的内墙装饰涂料还有聚乙烯醇系内墙涂料、聚醋酸乙烯乳液涂料、多彩和幻彩内墙涂料、纤维状涂料以及仿瓷涂料等。

四、地面涂料

地面涂料的主要功能是保护地面，使其清洁、美观。地面涂料应具有良好的耐碱、耐水和耐磨性能。地面涂料效果如图11-17所示。

图11-17　地面涂料效果

常用的地面涂料有过氧乙烯地面涂料、聚氨酯-丙烯酸酯地面涂料、丙烯酸硅树脂地面涂料、环氧树脂厚质地面涂料和聚氨酯地面涂料等。

就目前用于建筑装饰的材料而言，较为突出的污染物有氨、甲醛和芳香烃等挥发性气体，铅、铬、镉和汞等重金属元素，放射性及光污染等。

课外篇：绿色环保

室内的装饰装修材料务必要注意绿色、环保、无污染。例如，室内涂料的成分中，如果含有挥发性有毒气体或重金属，或具有放射性，将对人体造成很大的伤害。氨和甲醛都是无色的刺激性气体，对人的视觉和呼吸系统有危害，氨主要来自涂料的原料和助剂，在某些喷涂的涂料中含量很高；使用了外加剂的混凝土制品，有的也含有甲醛。室内的甲醛主要来自多种合成树脂型胶黏剂和某些涂料，有的装饰布（纸）也有甲醛。一些木质人造板、贴面板、复合木地板，在原料中的胶料和施工中使用的胶黏剂中也含有甲醛。用涂料涂饰过的门窗、家具和器物也是散发甲醛的来源。芳香烃是指多环结构的碳氢化合物，有关的苯和苯系物是有毒物质，许多溶剂型涂料及其稀释剂、有机合成的胶黏剂、含焦油的防水材料和各种化学建材，很可能会释放苯和苯系物或其他有害物质。因此，房屋装修后，一般要打开窗户空置一段时间后再入住。

我们一定要形成绿色环保的意识，在进行室内装饰装修时，要使用符合国家和地方标准规定的建筑装饰材料，坚决不使用不符合标准的产品。

参 考 文 献

［1］ 李业兰. 建筑材料［M］. 北京：中国建筑工业出版社，2015.
［2］ 依巴丹，李国新. 建筑材料［M］. 北京：机械工业出版社，2014.
［3］ 洪琴. 建筑材料与检测［M］. 武汉：武汉理工大学出版社，2015.
［4］ 周明月，刘春梅. 建筑材料及检测［M］. 武汉：武汉理工大学出版社，2016.
［5］ 中华人民共和国国家质量监督检验检疫总局，中国国家标准化管理委员会. 通用硅酸盐水泥：GB 175—2007［S］. 北京：中国标准出版社，2008.
［6］ 中华人民共和国住房和城乡建设部. 混凝土强度检验评定标准：GB/T 50107—2010［S］. 北京：中国建筑工业出版社，2010.
［7］ 中华人民共和国住房和城乡建设部. 普通混凝土拌合物性能试验方法标准：GB/T 50080—2016［S］. 北京：中国建筑工业出版社，2017.
［8］ 中华人民共和国住房和城乡建设部. 混凝土结构工程施工质量验收规范：GB 50204—2015［S］. 北京：中国建筑工业出版社，2015.